燃气行业管理实务系列丛书
燃气行业员工心理培训教材

燃气行业员工安全心理学

张敬阳　编著

中国建筑工业出版社

图书在版编目(CIP)数据

燃气行业员工安全心理学 / 张敬阳编著. — 北京 ：
中国建筑工业出版社，2021.2

(燃气行业管理实务系列丛书)

燃气行业员工心理培训教材

ISBN 978-7-112-25900-7

Ⅰ. ①燃… Ⅱ. ①张… Ⅲ. ①城市燃气一安全管理一
应用心理学一岗位培训一教材 Ⅳ. ①TU996.9

中国版本图书馆 CIP 数据核字(2021)第 032670 号

本书包括 7 章，分别是：中国燃气行业现状、燃气泄漏预警、人为事故的分析和防治、员工的心理与安全、员工的安全心理测评、员工心理调节、安全心理学在事故预防中的应用。在现代竞争激烈的社会大背景下，企业员工承受着很大的心理压力，究其原因主要有：超负荷的工作量、岗位安排不当、缺少职业发展机会、缺乏沟通技能和人际协调能力。本书就是针对燃气行业的特点，对燃气行业职工的心理因素进行分析。找出对策，加以预防。

本书可作为城市燃气行业员工培训教材使用，也可作为从事城市行业者使用。

责任编辑：胡明安
责任校对：张惠雯

燃气行业管理实务系列丛书
燃气行业员工心理培训教材
燃气行业员工安全心理学
张敬阳　编著
*
中国建筑工业出版社出版、发行(北京海淀三里河路 9 号)
各地新华书店、建筑书店经销
北京红光制版公司制版
北京建筑工业印刷厂印刷
*
开本：787 毫米×1092 毫米　1/16　印张：13　字数：224 千字
2021 年 3 月第一版　　2021 年 3 月第一次印刷
定价：**50.00** 元
ISBN 978-7-112-25900-7
(36776)

燃气行业管理实务系列丛书

编　委　会

彭知军（华润股份有限公司）

仇　梁（天信仪表集团有限公司）

师跃胜（山东南山铝业股份有限公司天然气分公司）

宋广明（铜陵港华燃气有限公司）

苏　琪（广西中金能源有限公司）

唐春荣（镇江华唐管理咨询有限公司）

王传惠（中裕城市能源投资控股有限公司）

王鹤鸣（兖州华润燃气有限公司）

王伟艺（北京市隆安（深圳）律师事务所）

王小飞（郑州华润燃气股份有限公司）

伍荣璋（长沙华润燃气有限公司）

许开军（湖北建科国际工程有限公司）

杨常新（深圳市博轶咨询有限公司）

于恩亚（湖北建科国际工程有限公司）

周廷鹤（南京市燃气工程设计院有限公司）

卓　亮（合肥中石油昆仑燃气有限公司）

邹笃国（深圳市燃气集团股份有限公司）

秘 书 长：伍荣璋（长沙华润燃气有限公司）

法律顾问：王伟艺（北京市隆安（深圳）律师事务所）

本书编写组

主　　编：张敬阳（云南中石油昆仑燃气有限公司、云南燃气安全技术研究院）

副 主 编：李　鑫（云南中石油昆仑燃气有限公司昆明分公司）

欧阳雪萍（珠海创安电子科技有限公司）

明毅超（深圳市燃气集团股份有限公司）

赵英明（帮道尔（重庆）实业有限公司、贵阳斯克诗商贸有限公司）

编写人员：（以姓氏拼音为序）

李晓岚（云南省城市燃气协会）

刘晓东（惠州市惠阳区建筑工程质量监督站）

彭知军（华润股份有限公司）

秦康健（昆明理工大学）

苏　琪（广西中金能源有限公司）

王梓航（山东石油天然气股份有限公司）

邢琳琳（北京市燃气集团有限责任公司）

主　　审：李　燕（昆明市住房和城乡建设局燃气管理处原处长）

序

我国城镇燃气的迅速发展，为工业生产、人民生活提供了优质能源，不仅极大地提高了工业生产水平、方便了群众生活，而且还大大降低了环境污染，改善了城市环境质量。但与此同时，由于燃气具有的易燃、易爆且有一定毒性的特点，一旦发生事故将会造成人员伤亡、财产损失；城镇燃气设施的迅猛增加，使城镇燃气安全问题越来越突出。

近年来，随着我国城镇燃气事业的不断发展，燃气的生产、储存、运输和使用的量越来越大，范围也越来越广，在城镇燃气系统中发生的泄漏、火灾与爆炸等事故的数量与等级也在不断上升。这些事故给国家和人民群众的生命财产造成了极大的损失，也给社会的公共安全与稳定带来了极大的负面影响，从一定程度上影响了燃气事业的推进与发展。

为了避免事故的发生，有关部门制定了一系列的制度和措施，投入了很多安全技术力量，但是燃气安全事故总是防不胜防。通过对大量燃气安全事故的调查分析，80%以上的事故都直接或间接地和人为因素有关系。也就是说，人的不安全行为和心理导致了大部分事故的发生。而人的行为因素又和人的心理因素紧密相连。

安全心理学特别强调人的行为规律是受制于人的心理活动的。也就是说，人的心理在波动、异常时会导致生产工作的不稳定性，而良好的安全心理活动可以发挥人的积极性、主动性、创造性，可以为提高安全效果提供稳定可靠的素质。这就告诉我们，在实际工作中，如果使职工保持良好的心理状态，有一个稳定的心理活动，我们的安全生产局面在某种程度上就会趋于稳定。要想达到安全生产的目的，在所有可分析的因素中，最重要的还是人的因素，因为人是一切活动的主体，只有把人的工作做好了，才能从根本上为生产安全提供可靠的保证。因此，认识、研究、掌握人的心理活动规律和行为规律就显得十分必要，而以研究人在安全生产中的心理活动与行为规律为目的和任务的安全心理学，其重要意义也恰恰就在这里。

本书就是将燃气安全与员工的心理安全结合在一起，从员工的心理、行为入手，分析其与燃气安全事故的关系，并且给出了一系列解决由于员工不安全心理、行为所造成事故的办法。本书编写的目的也在于此——通过调节燃气行业员工的心理、行为，从而控制和减少燃气安全事故的发生，保障人们的生命健康及财产安全，使我国燃气事业健康平稳的发展。

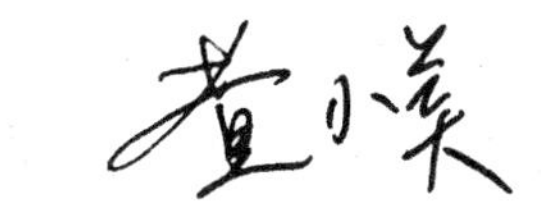

2020 年 11 月于重庆大学

（黄小美：重庆大学土木工程学院清洁能源研究所副所长、副教授、工学博士、博士生导师，中国城市燃气协会科技委委员、中国土木工学学会燃气分会会员，世界可再生能源技术协会（WSSET）会员）

前　言

21世纪以来，我国燃气行业飞速发展，以天然气和液化石油气为主的气体燃料在我国的能源结构中占有重要的一席。同时为物品，燃气行业燃气属于高危行业，在燃气加工、生产、输配和使用过程中，容易由于一系列不当操作而引发事故。安全是每一个企业生存与发展的前提，对于易燃、易爆、易中毒和窒息的燃气行业，安全更为重要，它是企业赖以生存、发展的基石。安全工作是燃气行业的生命线，它不仅关系到企业自身的生存发展，也关系到千家万户生命财产的安危。因此，为了确保燃气设施的安全运行，实现稳定供气，首要前提是保障燃气行业的每个员工的生命健康及财产安全。安全成了每个燃气管理单位永恒的课题，也是每个安全管理者的责任和义务。

本书一方面详细介绍了燃气行业的存在的风险，以及风险的防范措施，在各类风险中，对于尤为重要的燃气泄漏，还提供了有效的应急预案。另一方面本书贯彻以人为本的信念，从员工的心理、行为等方面入手分析其与人因事故的关系，并给予员工心理调节方面的指导。其目是保障每一位燃气员工生命健康及财产安全，夯实燃气行业平稳运营的基础。

本书在编著过程中，李鑫、欧阳雪萍、明毅超、赵英明提供了大量的文献资料和宝贵意见，全书由张敬阳统稿，李燕审稿。

由于编者水平有限，书中难免存在错误和不足之处，敬请读者批评和指正。

目 录

第1章　中国燃气行业现状

1.1　燃气行业介绍

1.1.1　燃气行业的介绍

依据《城镇燃气设计规范》GB 50028—2006（2020版）术语说明，城镇燃气是指从城市、乡镇或居民点中的地区性气源点，通过输配系统供给居民生活、商业、工业企业生产、供暖通风和空调等各类用户公用性质的，且符合《城镇燃气设计规范》GB 50028—2006（2020版）燃气质量要求的可燃气体。可以作为城镇燃气气源供应的主要是天然气和液化石油气，人工煤气将逐步被以上两种燃气所取代，生物气可以在农村或乡镇作为以村或户为单位的能源。

天然气既是制取合成氨、炭黑、乙炔等化工产品的原料气，又是优质燃料气，是理想的城镇燃气气源。有效利用天然气对于促进低碳化、实现节能减排、提高能源利用率和实现能源的可持续发展具有重要意义。液化石油气是在开采天然气及石油或炼制石油过程中，作为副产品而获得的一部分碳氢化合物，分为天然石油气和炼厂石油气。液化石油气是管输天然气很好的补充气源，国内外也有不少城市以液化石油气作为汽车燃料。

城镇燃气输配系统是复杂的综合设施，通常由门站、燃气管网、储气设施、调压装置、输配管道、计量装置、用户端设施、管理设施、监控系统等构成。输配系统应保证不间断地、可靠地给用户供气，在运行管理方面应是安全的，在维修检测方面应是简便的，在检修或发生故障时，可关断某些管段而不影响全系统的工作。

随着我国城镇化进程的不断推进，城市燃气行业也获得了快速发展，气源供给、管网建设等各项水平也得到了大幅提高。目前，我国燃气供气总量不断增加，网管建设规模不断扩大，投资额不断提高，并形成了多种气源并存、天然气供气占比逐年上升的格局。根据全国资源供应情况，2018 年我国天然气总供应量 2874 亿 m^3，较去年增加 437 亿 m^3。其中：国产气增加 111 亿 m^3，常规气增加 81 亿 m^3，页岩气增加 19 亿 m^3，进口气增加 326 亿 m^3，LNG 增加 235 亿 m^3，对外依存度 45.2%。需要特别注意的是，由于经济下行压力仍存、中美贸易摩擦持续、市场消费基数扩大，需求增速将略有放缓。预计 2020 年全国消费量将达到 3290 亿 m^3 左右，同比增长 8.8%，但从增量上来看，仍将有近 265 亿 m^3 的空间，大于 2019 年的增量。截至 2018 年年底，我国建成投产的天然气管道长度达到了 10.8 万 km，管网总输气能力达到了 3600 亿 m^3/年，其中国家基干管道 2.86 万 km，国家支干线 1.87 万 km。2018 年我国新投产天然气管道长度约为 5000km，投产的管道主要为鄂安沧一期、楚攀天然气管道、天津和迭福 LNG 接收站外输管道，其余主要为省内干支线管道。目前我国天然气管网已初步形成了“西气东输、海气登陆、就近供应”供气格局，全国天然气管道“一张网”已初步形成。

1.1.2 国内燃气公司简介

我国燃气行业一直在积极稳健地引入竞争机制，国有资本、私有资本和境外资本通过合资、合作等各种方式不断投入到燃气行业，参与其建设和运营，逐步形成了国有及国有控股企业、私营企业和外资企业并存的多元化竞争格局，行业现有企业间竞争激烈。此外，我国城市燃气行业的集中度得到提高，规模化生产得到加强。燃气的开采和运输需要大量的前期投入，行业进入壁垒较高。而在城市燃气经营市场中，主要由两类企业主导：一类是依靠历史承袭而拥有燃气专营权的地方国企，如北京、深圳、重庆等地区的地方国有燃气公司；二类是跨区域经营的燃气运营商，包括华润燃气、新奥能源等燃气公司。我国主要的燃气运营商如下（排名不分先后）：

（1）中国燃气控股有限公司

中国燃气控股有限公司（以下简称“中国燃气”）是目前我国最大的跨区域能源供应服务企业之一，在香港联交所主板上市，股票代码 00384。中国燃气自 2002 年成立以来，成功构建了以管道天然气业务为主导，城市燃气、乡镇燃气、车船燃气、LPG 分销、增值业务、热电、合同能源管理、天然气贸易、装备制造、电商服务和仓储物流并举的全业态发展结构。

作为一家立足市场竞争的综合性能源服务企业，中国燃气提供的优质产品和专业服务广泛应用于社会生产和生活的方方面面，在全国29个省、自治区、直辖市运营超过1000家公司，拥有600多个具有特许经营权的管道天然气项目，17个长输管道项目，600多座天然气汽车及船舶加气站，超过100个多能互补综合能源供应项目、1个煤层气开发项目，8座液化石油气码头，4个大型石油化工仓储基地和110多个液化石油气分销项目，燃气管网总长30多万公里，为全国3600多万户家庭和30多万个工商业企业和公服用户提供综合能源服务，管网覆盖人口超过1.5亿人。集团还与国内外多家金融机构保持良好的合作关系，目前已拥有银行授信额度、发债额度及专项清洁能源基金规模超过1500亿元。

中国燃气还积极响应国家绿色发展、“打赢蓝天保卫战”的号召，深入广大农村和乡镇，通过“气代煤”和多能互补形式，一方面加快燃煤锅炉改造，采用合同能源管理方式，快速搭建天然气热、电产业链，结合分布式能源、热电改造联产等多种方法提高能源综合利用率；另一方面集中进行农村散煤治理，通过科学规划、周密设计、精心施工、安全运营、优质服务加速天然气进入乡村，为建设美丽乡村不懈努力。

秉承“气聚人和、造福社会”的使命，中国燃气努力恪守企业公民的社会责任，勇于担当，敢于创新。集团先后获得《福布斯亚洲》“亚太最佳上市公司50强”、美国权威杂志《机构投资者》全亚洲“最受尊敬企业”“十大品牌企业”“杰出成就企业”“最具潜力中国企业”“最佳爱心贡献奖”等1000多项殊荣。集团先后被纳入恒生中国内地100指数和富时中国指数成分股和恒生中国企业指数，截至2019年6月，中国燃气名列中国全球上市企业市值500强第84位。

未来，六万多名中国燃气人将继续致力于推动社会和谐发展、绿色发展、可持续发展，矢志打造长青基业，持续为利益相关方及社会大众创造福祉。

（2）昆仑能源

昆仑能源有限公司是在（英属）百慕大注册、香港联合交易所主板上市、由中国石油天然气股份有限公司控股的综合性能源公司，是恒生中资企业指数成分股之一。

2008年以前，昆仑能源主要从事境内外油气勘探开发业务。2009年开始战略转型，将国内天然气终端销售与综合利用作为新的业务发展方向，重点发展液化天然气（LNG）业务，实施“以气代油”战略。2015

年，昆仑能源收购中国石油所持的中石油昆仑燃气有限公司100%股权，成为中国石油天然气业务的融资平台和投资主体、天然气终端利用业务的管理平台。目前，昆仑能源主要从事城市燃气、天然气管道、液化天然气（LNG）和压缩天然气（CNG）终端、天然气发电和分布式能源、液化天然气（LNG）加工与储运、液化石油气（LPG）销售等业务，业务分布于中国内地31个省、自治区、直辖市，天然气年销售规模200亿 m^3，LNG接收站年接卸能力1900万t，液化石油气年销售600万t以上，是中国内地销售规模最大的天然气终端利用企业和LPG销售企业之一。

昆仑能源将秉承中国石油“奉献能源、创造和谐”的企业宗旨，充分发挥业务协同优势，牢固树立安全环保、依法合规、合作共享、开放融合四种理念，大力实施市场、资源、资本、质量、创新五大战略，依托国内外两种资源、两个市场，致力于为各类用户提供安全稳定的燃气供应和优质高效的客户服务，为股东创造更加卓越的价值，为促进经济社会发展做出积极贡献，全力打造国内领先国际一流的天然气终端综合利用公司。

（3）港华燃气

港华燃气集团是香港中华煤气有限公司（中华煤气）在内地经营的公用事业企业，业务涵盖城市燃气、城市水务、燃气具零售、分布式能源，以及燃气综合保险、家居精品、高端橱柜等延伸服务。

香港中华煤气1994年开始于内地投资设立燃气项目，首先在华南珠三角地区成立城市管道燃气企业，并陆续拓展至华中、西南及东北等地区。2002年，香港中华煤气在深圳成立港华投资有限公司，负责管理内地的投资项目。至今，港华燃气于南京、武汉、西安、济南、成都、长春及深圳等地发展132个城市燃气企业，业务遍布华东、华中、华北、东北、西北、西南、华南共23个省、自治区、直辖市，住宅及工商业客户数目由最初的约5000户已发展至逾3000万户，年售气量达到255亿 m^3，供气管网总长逾117000km，已成为中国内地最具规模的城市燃气集团之一。

港华燃气于2005年在内地市场推出燃气具产品品牌“港华紫荆”。由于优良的品质和优质的服务，港华紫荆系列燃气具产品销售量节节攀升，至今累计销售量已突破650万台。同年，香港中华煤气开启内地水务市场，先后在江苏、安徽、广东投资7个城市水务项目和2个餐厨及绿化垃圾处理项目。至今，华衍水务服务客户达240万户，管网长度超过8500km，为内地城市经济蓬勃发展提供优质的生活和工商业用水。

为进一步拓展燃气新应用，提高能源效益，集团于2017年成立港华能源投资有限公司，主要以分布式能源和集中供热项目开发及投资建设为主，致力为工业园区、商业综合体、数据中心等客户提供高效的能源。

（4）华润燃气

华润燃气集团成立于2007年1月，是华润集团战略业务单元之一，主要在中国内地投资经营与大众生活息息相关的城市燃气业务，包括管道燃气、车用燃气及燃气器具销售等。

华润燃气从无到有、从弱到强，几年来实现了跨越式发展，截至2016年年底，华润燃气已先后在苏州、成都、无锡、厦门、昆明、武汉、济南、郑州、重庆、福州、南京、南昌、天津、青岛等220多座大中城市投资设立了燃气公司，业务遍及全国25个省、自治区、直辖市，燃气年销量近160亿m^3，用户逾2600万户。华润燃气已经发展成为中国最大的城市燃气运营商之一。2008年10月底华润燃气在香港成功上市，成为华润集团旗下燃气板块的上市平台。

华润燃气秉承专业、高效、亲切的服务宗旨，供应安全清洁燃气，努力改善环境质量，提升人们生活品质，坚持海纳百川、包容开放的用人理念，致力于成为综合实力“中国第一、世界一流”的燃气企业。

（5）新奥ENN

新奥能源控股有限公司是新奥集团旗舰产业，于1992年开始从事城市管道燃气业务，是国内规模较大的清洁能源分销商。目前着力打造燃气分销、管网运营、泛能服务核心业务，实现转型升级。

截至2020年6月30日，新奥能源在全国运营229个城市燃气项目，为2194.5万个住宅用户和15.7万家工商业用户提供燃气服务，覆盖接驳人口超过1亿人，天然气储配站199座，现有中输及主干管道5.69万km，累计投运泛能项目108个，在建项目23个。

数字时代，新奥能源深化实施“自驱＋赋能”新型生产关系，全面数字化转型，构建智慧企业。新奥能源愿与生态伙伴一起携手，为创建现代能源体系、提高人民生活品质而不懈努力。

（6）北京燃气

北京市燃气集团有限责任公司（以下简称“北京燃气集团”）是一个有着60余年历史的国有企业。2006年12月31日，原燃气集团管道天然气业务与非管道天然气业务分立，分立后的北京燃气集团主要从事城市天然气业务，并于2007年5月在香港实现资产上市，注册资金58.836亿元，截至2019年年末，燃气年供应量180.7亿m^3，用户总数651万余户，运行燃气管线长度2.63万余公里，资产总额758亿元。

北京燃气集团是全国最大的单体城市燃气供应商，管网规模、燃气用户数、年用气量、年销售收入均位列全国前茅，同时也是国内唯一一家天然气累计供气量破千亿立方米、年供气量破百亿立方米、日供气量破亿立方米的企业。北京市成为国内首个天然气年购销量均突破百亿立方米的城市，位列世界城市第二位。

北京燃气集团在“立足北京，内外并举；专注燃气，上下延伸”的发展战略指引下，努力实现上游资源和中游长输管线建设及下游燃气应用领域的全产业链发展。近年来，北京燃气集团投资中石油陕京管线、西气东输管线、天津南港LNG接收站等项目，成功拓展黑龙江省网、河北唐山、雄安新区等20多个燃气项目，累计投运分布式能源项目46个。

北京燃气集团积极落实“一带一路”倡议，加快“走出去”步伐。2017年，成功收购俄罗斯石油公司上乔项目20%股权，并获得标普、穆迪、惠誉国际三大权威评级机构的A类国际信用评级，迈出了海外拓展的第一步。

北京燃气集团始终把安全生产供应放在首位，坚持“安全是魂、预防在先”的理念，确保首都燃气安全稳定供应。将国家北斗精准服务网引入到燃气管理全业务链，将风险预警与安全管理水平提升到一个全新的高度，安全运营风险显著降低，确保了首都燃气安全稳定供应，圆满完成各项重大活动的服务保障任务。

2011年，北京燃气集团成为全国燃气行业首个集团级高新技术企业，并连续三次保持高新技术企业资质。2015年，北京燃气集团荣获行业最高荣誉“詹天佑奖”。在科技方面，北京燃气集团获得国家科技进步二等奖、连续4年获得北京市科技进步奖、中国安全生产协会首届安全科技进步奖一等奖、中国卫星导航协会科技进步奖一等奖等近20项。在信息化方面，北京燃气集团以促发展、促效益为目标，不断扩大创新成果应用，推进创新成果转化，取得管理创新成果奖项。

北京燃气集团成立以来，积极参与各项社会公益事业，得到政府和社会的广泛赞誉。先后获得“中国企业500强”“北京十大影响百姓生活企业”“全国企业文化建设50强”“全国五一劳动奖状”“首都平安示范单位”“首都文明单位”“北京市和谐劳动关系先进单位”“百家重诚信单位”等殊荣。积极参与北京城市副中心行政区与雄安新区智慧燃气整体解决方案工作，履行国有企业社会责任。

近年来，北京燃气集团国际影响力不断增强，在国际交往中，与近 20 多个国家的能源企业建立了友好关系，开展燃气技术、人员培训交流以及设备设施贸易往来。在提升国际影响力方面，北京燃气集团成功承办了 G20 天然气日、亚洲西太平洋地区燃气信息交流大会等活动，得到全球能源行业广泛关注，大幅提升了北京燃气集团国际影响力。集团董事长当选国际燃气联盟 2021～2024 年任期主席，北京市获得 2024 年第 29 届世界燃气大会主办权，实现了中国参与全球能源治理的重大突破。

天然气作为绿色、低碳的清洁燃料，在首都生态文明建设、能源结构调整和建设能源节约型、环境友好型城市的进程中，发挥着重要的作用，为北京燃气集团的发展提供了广阔的空间。在未来的发展中，集团秉承“气融万物、惠泽万家”的核心价值观，致力于将企业打造成为“国际化的、国际一流的一体化清洁能源运营商”。

（7）深圳燃气

深圳燃气是一家以城市管道燃气供应、燃气投资、液化石油气批发和瓶装液化石油气零售为主的大型国有控股上市公司。公司创立于 1982 年，1995 年由深圳市煤气公司和深圳市液化石油气管理公司合并重组为深圳市燃气集团有限公司，2004 年引入香港中华煤气和新希望集团等战略投资者，实现了混合所有制合资经营，2009 年 12 月在上海证券交易所挂牌上市，股票代码为 601139。

公司总资产近 200 亿元，营业收入超 120 亿元，利润总额超 12 亿元，已成长为中国 A 股销售规模领先的城市燃气企业之一。自 2004 年起实施“走出去”发展战略，目前已取得江西、安徽等 10 个省份近 40 个城市管道燃气特许经营权。公司坚持“安全第一、客户为尊、和谐共赢”的经营理念，有序推进“十三五”发展规划落地实施，坚持质量提升与服务大局相结合，推动了各项事业取得新的成绩。

公司连续 14 年荣获全国“安康杯”竞赛优胜企业，被国家安监总局认定为“全国安全文化建设示范企业”；服务满意度排名在深圳市窗口行业中持续保持领先，获国际杰出顾客关系服务奖和“深圳市优质服务示范单位”称号；质量管理成效显著，获深圳市“2011 年度市长质量奖”、2017 年广东省“法治文化建设示范企业”、第一届“深圳十佳质量提升国企”、全国质量标杆等多项荣誉称号。2018 年通过“国家高新技术企业”认定，2019 年与南方科技大学合作建立院士（专家）工作站。

（8）天津能源

天津能源投资集团有限公司（以下简称“集团”）成立于2013年5月30日，经天津市委、市政府批准，由天津市津能投资公司和天津市燃气集团有限公司重组而成，是天津市国资委出资监管的国有独资公司，注册资本100.45亿元。作为天津市能源项目投资建设与运行管理主体，集团以“四源”，即电源、气源、热源、新能源为主营业务，承担着保障天津市能源安全稳定供应和推动能源结构调整优化的重任。

在发电领域，集团全资建设了总容量为2×923MW的燃气热电项目——天津陈塘热电燃气热电厂；与华能集团、大唐集团、国家能源集团、华电集团、国投电力公司等国家大型发电企业合作，投资建设了4×1000MW超超临界北疆电厂循环经济项目、IGCC示范电站项目、杨柳青热电厂、东北郊热电厂、军粮城热电厂、大港电厂、盘山电厂、北塘热电厂、南疆燃气热电厂等天津主力发电项目，“一带一路”巴基斯坦瓜达尔2×150MW燃煤电厂项目奠基。截至2019年年底，集团投资参控股电厂发电装机总容量1429万kW，占天津可调装机容量约80%。

在燃气领域，积极引进气源、增加气源点，推进重点项目建设，打通供气瓶颈，“三横三纵”“一张网”管网布局进一步优化完善，形成集规划设计、工程建设、管网输配、销售供应为一体的燃气供应保障体系。建成了大港气、陕北气、渤西气、华北气、临港LNG、静海中石化气等接气输配项目，大港LNG应急储气、气化调峰设施投运，实现国家三大油气供应企业气源同时接收。供气管网1.7万km，覆盖天津全部16个区。燃气用户398万户，占全市用户总数的80%以上。2019年供气量49.35亿m^3，占全市总供气量的约60%。

在集中供热领域，拥有天津规模最大的集中供热企业，形成了集规划设计、工程建设、管网运营、设备制造于一体的供热产业链；大力推进清洁供热发展，建成杨柳青、军粮城、东北郊、陈塘热电、北塘、临港、南疆热电厂配套供热管网；建成国内最大、环保设计标准最高、烟气处理效果最好的煤粉清洁供热锅炉；积极推动并完成了天津市中心城区供热“一张网”和滨海新区供热“一张网”建设；建成全国最大的集热电联产、燃气锅炉、清洁煤粉锅炉、地热等多种常规热源和新型热源于一体的联网调峰供热系统。截至2019年年底，集团承担全市91万户居民和企事业单位的供热任务，直接集中供热面积1.35亿m^2总供热服务面积2.6亿m^2，占全市集中供热面积的52.58%，实现了100%清洁供热。

在新能源领域，积极推进风力发电、太阳能发电及地热能项目建设，探索能源综合解决方案、综合能源站、分布式能源等开发应用。大神堂风电项目实现了天津风力发电零的突破，赛瑞分布式光伏发电项目作为天津市首个自发自用余电上网项目，为天津太阳能发电产业起到了引领和示范作用。集团大力开展地热资源开发利用，拥有已建成和正在建设的地热井 18 眼，地热供热规模达到 285 万 m^2，探索实现了地热热源与热电联产、燃气锅炉、高效煤粉供热锅炉等清洁热源联合供热模式，提高了地热资源的利用效率，有效发挥了各种形式热源的集约效应。

在金融产业领域，集团积极推进产融结合，与金融企业及机构建立了稳固的合作关系；致力于构建与集团产业布局相适应、与发展需求相协调的直接融资平台，为集团主营业务发展和重点项目建设提供有效金融支撑。集团获得主体长期信用 AAA 双评级，集团财务公司于 2017 年开业运营。集团拥有香港主板上市企业津燃公用事业股份有限公司；是大唐国际发电 A 股第二大股东；投资天津滨海农商行；参股渤海证券和渤海产业投资基金等金融企业。

作为地方国有能源企业，集团坚持以习近平新时代中国特色社会主义思想为指导，践行“以人民为中心”的发展思想，深入落实市委、市政府和市国资委决策部署要求，充分发挥在落实全市能源规划中的带头作用、在保障全市能源供应中的骨干作用和在全市重大能源项目合资合作中的主导作用，秉承“汇聚清洁能源、输送幸福动力”的企业使命，努力打造“保障有力、国内一流”的地方能源投资集团，为天津全面建成高质量小康社会、加快建设“五个现代化天津”、提升社会主义现代化大都市治理能力和治理水平提供坚强能源保障和民生服务。

（9）广州燃气

广州燃气集团有限公司（下称：广州燃气集团）是广州发展集团股份有限公司（证券代码：600098）下属全资子公司。其前身是成立于 1975 年的广州市煤气工程筹建处，1983 年更名为广州市煤气公司，2009 年 1 月，整体划归广州发展集团，后改制组建为广州燃气集团有限公司。2012 年随广州发展集团整体上市。

目前，广州燃气集团下辖两个业务中心（调度中心、服务中心），四家区域分公司以及高压运行分公司，拥有广州南沙发展燃气有限公司、广州东部发展燃气有限公司等 4 家子公司，2 家控股及参股企业，受托管理广州发展燃气投资有限公司等 8 家企业。公司主要从事城市天然气供应、天然气管网设施的投资、经营，是广州市城市燃气高压管网建设及天然气购销唯一主体。公司业务涉及管道燃气项目的投资、设计、施工、经营和有关技术咨询，天然气设备及气质检测，提供营业网点服务、安全用气保险服务和燃气用具销售、安装、维修服务，积极拓展分布式能源站、物联网智能燃气表、交通领域天然气、天然气贸易等新领域。

截至2019年年底，广州燃气集团管理总资产为87.81亿元，净资产为43.13亿元。2019年天然气总销售量15.9亿m^3，同比增长25.47%；主营收入45.11亿元，同比增长15.15%；除供应广州市其他燃气公司外，集团自主经营区域遍及广州中心城区和周边南沙、增城、花都、萝岗等区域，拥有包括商业、工业、公福及居民等用户达192.61万户，燃气输配管网超过5400km。现公司在职人数约2300人，拥有燃气、管理等各类专业技术人才1500余人。

广州燃气集团贯彻落实国家、省市能源规划，全力投入广州市天然气产供储销体系建设，不断巩固自身完善的城市管网资源、具有竞争力的气源、稳定的天然气供应能力等优势，大力推广天然气冷热电三联供方式实现能源梯级利用。公司现大力推进广州市天然气利用工程四期工程建设，不断提升管道覆盖率；积极构建多方向、多渠道气源保障供应体系，已形成东南部（广东大鹏LNG项目）、西南部（珠海金湾项目）和北部（中石油西气东输二线工程）三路稳定气源，并积极引入自主进口气源，与中石油、中石化、马来西亚国家石油公司、BP、嘉能可、三井等供应商建立了良好合作关系，全球范围内拓展多元气源，夯实广州市天然气供应的资源基础。2019年公司自主进口海外天然气取得重大突破，实现了直接进口LNG。为保障应急供应，公司正全力以赴推进广州市重点民生“补短板”项目——广州LNG应急调峰气源站项目的投资建设，为广州地区实现多路气源全方位稳定供应提供有力保障；投资建设分布式能源站项目，拓展天然气发电厂和能源站市场，满足用户多种能源需求，提高能源综合利用效率。

广州燃气集团持续推动创新发展，积极打造华南地区具有重要影响力的大型智慧燃气供应商。公司于2017年首次通过国家高新技术企业认定，截至2019年12月底，包括属下管理企业共有6家成功通过高新技术企业认定。公司于2018年获得省工程技术中心、广州市级企业研发机构认定，多次获得广东省国企管理创新、国家国企管理创新成果奖，被评为广州市品牌百强企业，荣获广东省最佳自主品牌称号。广州燃气集团不断提升智慧管网、智慧调度、智慧服务水平，积极拓展楼宇式分布式能源、物联网燃气计量，不断增强企业自主创新能力。

广州燃气集团将秉持“注重认真、追求卓越、和谐发展”的企业核心价值观，坚持创新发展理念，围绕建设珠三角燃气龙头企业目标，不断提升资源保障能力、管网覆盖能力、便捷服务能力、创新驱动能力，努力打造华南地区供应稳定、安全可靠、服务友好、持续领先的智慧燃气供应商，助力广州践行新发展理念、粤港澳大湾区国家战略，为区域新型城市化发展和碧水蓝天工程做出更大贡献。

（10）上海燃气

自1865年上海煤气厂正式供气以来，上海城市燃气发展已历经150余年。2003年12月，上海市政府同意组建隶属于申能集团的上海燃气（集团）有限公司（下称“燃气集团”），负责保障全市燃气安全服务供应，推进行业改革发展。2018年年底，燃气集团分立成为上海燃气有限公司（下称“上海燃气”）和燃气集团，分别聚焦于公司天然气业务和天然气协同业务。

公司天然气业务已构建形成多气源保障供应格局，规划建设了较为完备的“一张网”体系，有效确保了全市燃气安全供应。基本实现了“X+1+X”（多气源、“一张网”、销售多元）的目标管理模式和较为完整的产业体系，目前已发展成为国内最大的集天然气管网投资、建设与运营，燃气采购、输配、调度、销售和服务为一体的综合性城市燃气运营企业之一，上海本地燃气市场占有率超过90%。旗下包括一家天然气管网公司、六家燃气销售公司，同时参股上海燃气设计院、申能能源服务、久联集团。2015年6月，全市管道燃气实现全天然气化，公共服务水平持续提升，行业管理和改革转型稳步推进。

公司同步积极推进非天然气业务转型，组建液化气分公司、服务分公司，参股申能能源服务、申能能创、林内公司、富士工器等企业，深挖拓展天然气产业链延伸业务。

截至2018年年底，公司在岗员工7200余人，总资产269亿元，年营业收入232亿元；拥有城市燃气高、中低压管网2.39万余千米；天然气用户689万户，其中天然气用户604万户，液化气用户84万户；年供应天然气92亿m^3，液化气4.7万t。上海燃气、燃气集团将始终以保障城市燃气供应为使命，以专业化市场化为方向，全面提升经营管理和服务水平，力争到2020年，将上海燃气打造为拥有一流的保障供应能力，一流的用户服务体验，一流的运营管理效率，一流的创新引领水平，一流的品牌价值形象的国际一流智慧燃气服务商。

（11）重庆燃气

重庆燃气集团股份有限公司是重庆市能源投资集团有限公司控股，华润燃气（中国）投资有限公司、重庆渝康资产经营管理有限公司、重庆市城市建设投资（集团）有限公司参股的国有控股上市企业，股票代码：600917。

公司多年来致力于精耕燃气供应、输、储、配、销售及管网的设计、制造、安装、维修、销售、管理、技术咨询；区域供热、供冷、热电联产的供应；燃气高新技术开发，管材防腐加工，燃气具销售等经营业务。截至 2019 年年末，公司天然气供应范围已覆盖重庆市 25 个区县，资产总额 86.18 亿元，服务客户 512 万户。

公司作为关系国计民生的管理服务型企业，立足城市燃气供应行业基础性、服务性、公共安全性、生态环保性四大特征，以“奉献光热、追求卓越”为企业核心理念，秉承“诚信、优质、安全、创新”的企业精神，依法合规的运营，通过充足的气源、安全合理的燃气输配管网、充分的储气调峰设施和高度自动化的调度手段、完善的抢险应急救援机制及全方位、人性化的优质服务打造重庆市天然气安全供应保障体系，为中国最年轻的直辖市——重庆构建起保障清洁能源供应的“蓝色命脉”。

1.2 我国燃气行业的发展

1.2.1 我国燃气供给概况

2018 年我国城市天然气供气总量为 1444.00 亿 m^3，城市人工煤气供气总量为 29.80 亿 m^3，城市液化石油气供气总量为 1015.3 万 t。其 2007～2018 年中国城市燃气供给总量如表 1-1 所示。

2007～2018 年中国城市燃气供给总量 表 1-1

年份（年）	城市天然气供气总量（亿 m^3）	城市人工煤气供气总量（亿 m^3）	城市液化石油气供气总量（亿 m^3）
2007	308.64	322.35	1466.77
2008	368.04	355.83	1329.11
2009	405.10	361.55	1340.03

续表

年份（年）	城市天然气供气总量（亿 m^3）	城市人工煤气供气总量（亿 m^3）	城市液化石油气供气总量（亿 m^3）
2010	487.58	279.94	1268.01
2011	678.80	84.73	1165.83
2012	795.04	76.97	1114.80
2013	900.99	62.80	1109.73
2014	964.38	55.95	1082.85
2015	1040.79	47.14	1039.22
2016	1171.72	44.09	1078.80
2017	1263.75	27.09	998.81
2018	1444.00	29.80	1015.30

1.2.2　我国燃气行业的转变

（1）城市燃气业务向跨区域、集团性燃气企业集中

西气东输工程以及市政公用行业市场化改革，使外资、民资和国资纷纷登陆国内城市燃气市场。以中华煤气、中国燃气、新奥燃气、华润燃气等相继设立城市燃气项目投资与管理平台为标志，城市燃气项目进一步向跨区域、集团性燃气企业集中，具体呈现以下特点：

1）通过资本并购重组实现快速扩张。资本并购历来是市场开发的一个重要手段。中华煤气通过并购香港上市公司百江燃气并更名为港华燃气有限公司，逐步打造成为城市燃气项目投资和管理平台。中国燃气收购国内最大民营 LPG 分销企业——浙江中油华电能源有限公司涉足 LPG 业务。此外，华润燃气也通过收购郑州燃气、富茂石油、AEI China Gas Limited 等不断扩张城市燃气项目。通过实施资本并购重组，节约市场开发时间，实现了燃气业务迅速集中，大大提升了国内燃气业务的影响力和竞争力。

2）通过资产重组实现专业化经营。华润燃气从母公司华润集团收购了大量城市燃气项目。昆仑燃气也是通过国有产权交易市场收购母公司下属单位管道燃气业务，并对油气田和炼化企业所产液化石油气业务进行统购统销，进一步壮大经营实力，经营规模进一步扩大。

3）燃气项目开发方式多样化。城市燃气业务有特许经营的特点，使得可供开发的燃气项目逐渐成为稀缺资源。通过加强与地方政府、地方国企以及民营企业合资合作，收购原地方国有燃气企业股权、合资成立新的

燃气企业甚至是燃气集团之间合资合作也成为市场扩张的重要方式。

4）燃气业务集中度不断提升。2008～2014 年，各燃气集团天然气和人工煤气销量已由 2008 年的 116.9×10^8m^3 升至 564.9×10^8m^3，占全国天然气和人工煤气销量比例已由 16.2%升至 55.4%，占到全国天然气和人工煤气销量的一半以上，城市燃气业务进一步向跨区域性燃气集团集中。同期，各燃气集团液化石油气销量已经由 137.6×10^4t 增长至 767.2×10^4t，各燃气集团销售的液化石油气占城市燃气用液化石油气比例也已经由 10.4%增至 70.9%。与天然气及人工煤气的集中度相比，液化石油气业务集中度更高。

（2）天然气利用结构进一步向城市燃气倾斜

2004 年以来，天然气市场连年的供需失衡，严重影响了经济社会发展和人民群众生活，发展改革委于 2007 年 8 月制定出台《天然气利用政策》发改能源［2007］2155 号（2012 年国家发改委令第 15 号《天然气利用政策》，于 2012 年 12 月 1 日施行），意图通过设置用气优先次序和严格用气项目管理等组合手段，遏制天然气消费需求过快增长所导致的供求矛盾，天然气利用业务结构发生显著改变。2002～2007 年，城市燃气用天然气所占比例基本保持平稳，2007 年后城市燃气用天然气所占比例呈现较大幅度增长。在天然气利用业务结构中，城市燃气用天然气所占比例最高。工业燃料用天然气所占比例 2006 年下降幅度较大，2007 年后基本保持在 20%上下。化工用气所占比例下降趋势较为明显，特别是 2007 年后下降更为显著；发电用气所占比例 2007 年前处于缓慢上升阶段，2008 年后呈现快速增长。至 2011 年，化工用气、工业燃料、发电用气所占比例较为接近，均远低于城市燃气所占比例。

（3）以城市燃气为主的天然气利用模式基本确立

作为天然气利用业务中的重要组成部分，城市燃气在 2011 年的天然气利用结构中已经占据三分之一强。但与欧盟、美国、俄罗斯相比，城市燃气的比例依然偏低。随着中国城镇化进程的加快以及国家对城市“煤改气”政策的调整和积极推进，城市燃气仍将继续保持高速发展态势。城市燃气虽然涉及人民群众的基本生活，但在天然气利用业务中其价格承受力最强。同时，社会公众价格承受能力也会随着人民群众收入水平的不断增长而逐渐提高。至 2015 年，城市燃气用天然气量已增至 1143.4×10^8m^3，占中国国内天然气表观消费量 1910×10^8m^3 的 59.86%。城市燃气已经占据天然气利用业务的半壁江山，中国天然气利用业务以城市燃气为主的模式基本确立。

尽管如此，我国的燃气行业仍然面临着一系列的问题。

第一，城市燃气供求矛盾凸显。随着我国城镇化进程的加快，城市燃气的需求量迅速增加，尽管近年来我国城市燃气供气量逐年增加，但是仍然不能满足与日俱增的发展需求，城市燃气行业的供给和需求存在着明显的矛盾。

第二，城市燃气调峰能力不足。城市燃气需求具有同时性和非均衡性，冬季的需求量高于夏季，节假日的需求量高于工作日，做饭高峰时的需求量高于其他时间，也就是说，城市燃气的峰谷问题突显，加之设施建设的滞后，调峰能力严重不足，极易造成需求高峰时燃气供应紧张的局面。第三，城市燃气行业地区间发展不协调。由于经济发展水平、集聚效应和承载能力等方面的差异，在燃气供气量、气源种类、管网建设、普及率等方面，经济发达地区明显高于经济落后地区，东部地区明显高于中西部和东北地区，大城市明显高于小城市。

第四，城市燃气安全问题日益突出。近年来，由于第三方违法违章施工、因燃气设施使用时间的增加而造成的燃气管线及设备故障、经营者未能安全生产、消费者使用不当等原因，城市燃气事故时有发生。据中国燃气业协会统计，2019 年我国内地燃气事故新闻 722 起，相关伤亡情况为：造成 63 人死亡、585 人受伤。722 起事故中，室内燃气事故新闻 463 起，室外燃气事故新闻 259 起。全年每月平均事故新闻数量超过 60 起。

第五，城市燃气行业监管体系不健全。监管制度仍不健全，行业立法缺乏协调和配合；我国很多地方仍未建立权责分明、相对独立的监管机构，政企不分的现象仍然存在，同时缺乏对监管行为的再监管；价格机制、市场机制和财政补贴机制等机制的设计仍不完善，激励性监管机制的引进缺乏适应性和本土性。这些问题在一定程度上，使得政府监管质量和效率仍然低下，无法充分发挥政府监管的作用，加重了政府的财政负担，不利于企业的经营管理，影响了燃气行业的健康稳定发展。

城市燃气行业的技术经济特性，决定了需对其进行市场准入监管。第一，区域性的自然垄断性要求地区燃气的生产经营需由一家或少数几家企业进行，过多企业的进入、网管的重复建设会造成沉淀成本的增加、资源的浪费、效率的损失；第二，准公共性和公益性要求燃气企业能够稳定的生产和供应城市燃气，企业频繁的进入和退出市场会为公众生产生活带来众多的不便；第三，危险性要求燃气企业生产和供应的各个环节的安全性都能够达到标准，使安全隐患降到最低，因此，除需进行燃气质量监管外，也需进行市场准入监管，从源头上排除条件不符的企业。

目前，我国城市燃气行业的进入采取许可证制度，即企业需向相关部门提出申请，经核准取得许可证后进入市场，并在生产经营过程中接受政府的监督管理。我国《城镇燃气管理条例》第三章第十五条规定：从事燃气经营活动的企业，应当具备下列条件：（1）符合燃气发展规划要求；（2）有符合国家标准的燃气气源和燃气设施；（3）有固定的经营场所、完善的安全管理制度和健全的经营方案；（4）企业的主要负责人、安全生产管理人员以及运行、维护和抢修人员经专业培训并考核合格；（5）法律、法规规定的其他条件。符合前款规定条件的，由县级以上地方人民政府燃气管理部门核发燃气经营许可证。

1.2.3 燃气行业发展趋势

天然气的主要成分是甲烷，是一种清洁燃料，也是保护地球大气环境的理想燃料。推广清洁能源天然气、用天然气替代燃煤使用，成为治理大气污染的有效手段。《能源发展“十三五”规划》提出，天然气推广是我国能源转型的重要手段，天然气比重力争达到能源结构的10%。在国家坚持绿色低碳，节约资源和提升环境质量的政策指引下都为城市燃气行业的发展提供了难得的机遇和广的空间。国家继续深化油气体制改革，建立完善油气勘探权的竞争出让机制，推进管网改革，减少供气层级和中间环节，加快输配价格的监审，积极推进基础设施的公平开放，使得天然气行业在各方面都取得了发展。

（1）天然气需求量仍将增长

我国《天然气发展“十三五”规划》提出气化率要从2015年的43%提高到2020年的57%，天然气气化人口预计达到4.7亿人，用气量将从207亿m^3增加到360亿m^3，城镇燃料用气领域天然气消费量到2020年复合增速10%以上。

2016年后在能源领域深化改革以及环保趋严的驱动下，燃气行业实现了二次成长。2014年以后，因为天然气气价改革，天然气价格出现连续上调，叠加之后经济放缓，下游工商业用气需求增速明显回落。2016年国家发展和改革委员会加快油气改革进度，出台一系列规范、监管中游管网价格文件，同时，京津冀、长三角、珠三角环保要求趋严，禁煤区及限煤区大规模补贴“煤改气”项目，天然气需求增速自2017年2月份开始明显恢复。2016～2020 年，城镇化、煤改气带来居民用气、天然气发电需求快速增长，制造业需求随着工业回暖，也将出现温和复苏。“十三五”期间，因为新型城镇化推进以及环保趋严带来的供暖项目煤改气，天然气渗透率将进一步提升。从长远角度看我国天然气需求量将进一步增大。

（2）进口天然气占比仍将增长

我国资源桌赋是富煤、贫油、少气，目前已探明的常规天然气储量不够丰富，人均水平更低；页岩气等非常规天然气储量虽然丰富，但目前开发程度还有限，产量还较低，短期内在天然气产量中占比不会太高。近年来，随着全球 LNG 贸易量的增加，我国沿海 LNG 接收站的建设稳步推进。我国天然气进口比重逐步提升，2016 年对外依存度为 34%，2017 年提高到接近 38%。

由图 1-1 可以看出，我国 LNG 进口数量逐年增加。在现有的政策以及形势下，进口 LNG 数量还将逐年递增。

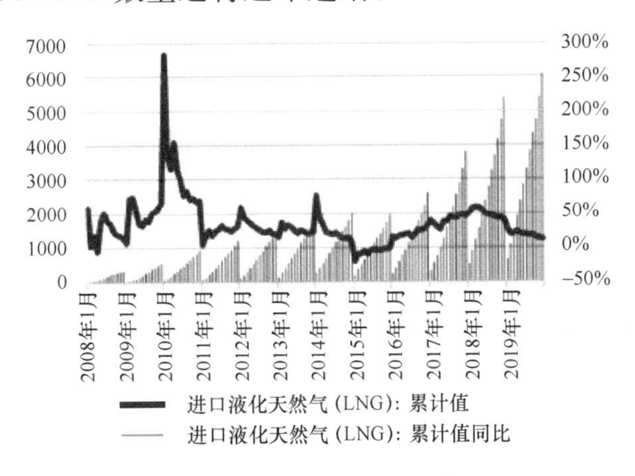

图 1-1　近 10 年天然气进口数量

（3）积极规划，稳步推进储气设施建设

国家发展改革委 2018 年发布《关于加快储气设施建设和完善储气调峰辅助服务市场机制的意见》，该意见指出供气企业应当建立天然气储备，到 2020 年拥有不低于其年合同销售量 10%的储气能力，满足所供应市场的季节（月）调峰以及发生天然气供应中断等应急状况时的用气要求。县级以上地方人民政府指定的部门会同相关部门建立健全燃气应急储备制度，到 2020 年至少形成不低于保障本行政区域日均 3 天需求量的储气能力，在发生应急情况时必须最大限度保证与居民生活密切相关的民生用气供应安全可靠。北方供暖的省（区、市）尤其是京津冀大气污染传输通道城市等，宜进一步提高储气标准。城镇燃气企业要建立天然气储备，到2020年形成不低于其年用气量5%的储气能力。不可中断大用户要结合购销合同签订和自身实际需求统筹供气安全，鼓励大用户自建自备储气能力和配套其他应急措施。

以西南地区为例，为增强川渝地区储气调峰能力，2018～2035年将分3个阶段新建8座储气库，累计工作气量将达到$130\times10^8m^3$。目前，铜锣峡储气库将进入开工建设阶段。

（4）燃气企业服务模式更新

近年来随着一些高新技术的不断发展完善，为燃气行业提供了更多的可能，同时也使得“智慧燃气”有了充足的理论与技术支持。基于物联网、大数据、云计算、信息系统等“互联网＋”技术，配合最新服务理念，可以将远程抄表、智能监测、智能查询、在线支付、阶梯气价、消费预测、大数据分析等功能融为一体，以达到实现燃气用量数据分析、燃气工程监督管理、燃气应急指挥调度等目标，最终实现“一键、自动、信息、预警、远程、体验”等智慧应用。

一是精准服务，基于燃气企业完备的用户数据库，燃气企业可以据此分析不同类型用户对燃气服务的需求，从而实现对用户的分类管理，达到精准服务的目标。对于大部分受教育程度较高、信用记录良好的用户，可引导其通过自行报数、自助缴费、网上服务等自助服务模式完成服务，自助服务方式提升了用户消费体验，降低了企业服务投入，实现企业和用户双赢；针对那些年龄偏大、对自助服务操作有困难，或存在偷气可能等用户，企业需通过增加服务的频率及提高服务的精细度等方式，满足这些用户对服务的特殊需求。

二是智能调度，有效通过物联网技术，部署终端设备，获取用户基本信息、设备设施布点统计、远程操作控制信息、用户用气状态信息等，利用终端设备采集的数据，按照用户的区域分布、计费标准变化、季节用户高峰变化、企业用户和家庭用气的统计等进行数据挖掘和分析，得出用气量的变化规律，找出用气峰值，精准量化评估输配气能力、管线压力、检修频率和时间等，为输配气调度提供决策依据。

该业务应用场景重点是终端设备的物流网技术集成，获取相应数据，一旦形成这种终端的部署和数据采集模式，通过远程监控终端设备用户状态将有效提升计量、计费的准确性，方便付费统计，能减少人力，降低运行成本。其难度在于物流网终端设备的部署，以及支撑物流网设备的后端配套技术。将燃气企业服务融合到智能小区、智能家居、电水气三表一体化集抄等系统建设之中，实现数据资源共享，服务提升，也是一种生态圈服务的方式。

三是移动服务，以支付宝和微信为代表的新媒体，作为一种交互式即时通信流媒体平台，支持单人和多人参与互动，已形成了一种建立在移动终端上的新的社交互动和信息传播方式，为企业和用户的互动服务提供了更加便捷宽阔的平台。越来越多的城市燃气企业都开通支付宝和微信公众服务号，发布即时服务信息，提供全方位的移动服务，并可根据用户需求提供个性化内容推送和业务办理等专项服务，使用户足不出户可随时获取相关服务，这些移动应用极大提升企业的服务水平。

（5）燃气安全管理技术提升

1）预测设备

充分利用燃气输配管网通用的 SCADA 系统所收集的远程终端装置（RTU）数据，包括监测管道的流量、温度、压力、开关阀门、起停泵等数据；利用 GIS 技术、大数据分析技术，配合企业管理信息系统如 ERP、用户关系管理系统 CRM 等系统的数据，将企业资源信息、个人用户基本信息、用户用气行为数据，再到用户的缴费、信用数据等海量数据，按照时间和空间进行数据分析，可以得出城市燃气输配管网的气量分布趋势，峰值发生的区域，通过建模、分析，总结规律，找到相关性，从而对输配管网设备损害程度进行预测、预防及预测性检修维护，最大化提高设备的使用率。这是一个基本的 SCADA 系统数据的大数据应用场景。

2）燃气燃烧器具

安全管理是城市燃气企业的生命线，尤其是城市燃气逐步全面使用天然气以后，因燃气具有易燃易爆的特点，燃气安全管理成为重要的公共安全问题之一，用户燃气器具的运行状况对燃气安全至关重要。在监控终端设备用户状态的应用场景中，如果没有部署物流网终端设备，可以通过对用户相关数据的实体采集和分析，即在每次设备安装、维修、抄表、安检服务时，采集数据，将用户的燃气器具品牌、年限、工况等基本情况纳入管理，经过一段时间实体数据采集累计后，在客户信息平台中完善用户燃气器具基础数据，通过对用户的缴费、报修等历史记录分析，了解到用户用气情况的行为数据，扩展到家家户户，通过对区域用户和分类用户的行为数据分析，可以针对使用不安全、临近或超过报废期的燃气器具的燃气用户进行安全提示，提醒用气安全，敦促及时更换燃气器具。这种针对性的定向安全检测和故障排查，可以形成有效的故障预警，大大提升针对老旧小区或者不具备网络条件地区的燃气器具的安全检测和故障预警，确保安全用气。该类应用场景有大量的用户数据采集工作，数据累计的大小，范围的广泛程度都直接影响分析效果，即数据量大小、样本充分程度是有效安全检测和故障预警准确度的基础。

（6）天然气冷热电联供产业持续发展

2017年初，国家能源局发布《关于加快推进天然气利用的意见》（征求意见稿），该意见提出逐渐将天然气培育成为我国现代能源体系的主体能源，并大力发展天然气分布式能源。当年两会提出：要鼓励并优先发展天然气冷热电三联供，因地制宜发展天然气调峰电站，以热定电，提高天然气热电联产与分布式能源机组利用率，逐步取代燃煤热电联产机组。同时在电网、气网枢纽地区，可再生能源需要调峰的区域，因地制宜地发展集中大型天然气调峰电站机组。建议气价方面落实国家天然气输配价格机制，突破气源垄断，实现气源供应市场化、多元化。如在原有的城市燃气专营权相应规定条款里，修订允许天然气分布式能源可以自行采购天然气，并借助城市燃气运营商建设的天然气管道进行供气，天然气分布式能源项目支付相应的管输费（管输费定价政策需合理规范明确）。并建议天然气发电项目需要减少并下放天然气分布式能源项目行政审批环节，简化电力接入手续。

天然气分布式能源，是指以天然气为主要燃料带动燃气轮机或内燃机等燃气发电设备运行，产生的电能满足用户的电力需求，排出的废热通过余热回收利用设备向用户供热、供冷，实现能量阶梯利用的冷热电三联供技术。国内由于分布式能源正处于发展过程，对分布式能源认识存在不同的表述。具有代表性的主要有如下两种：第一种是指将冷/热电系统以小规模、小容量、模块化、分散式的方式直接安装在用户端，可独立地输出冷、热、电能的系统，能源包括太阳能利用、风能利用、燃料电池和燃气冷、热、电三联供等多种形式。第二种是指安装在用户端的能源系统，一次能源以气体燃料为主，可再生能源为辅，二次能源以分布在用户端的冷、热、电联产为主，其他能源供应系统为辅，将电力、热力、制冷与蓄能技术结合，以直接满足用户多种需求，实现能源梯级利用，并通过公用能源供应系统提供支持和补充，实现资源利用最大化。

根据中国城市燃气协会数据，目前，我国天然气分布式能源项目（单机规模小于 50MW，总装机容量在 200MW 以下）已建成的有 127 个，总装机容量达到 147 万 kW，另有 69 个项目在建，装机容量 160 万 kW，正在筹建的有 90 多个，预计装机容量 800 万 kW，仅考虑在建及筹建项目，天然气分布式能源装机可达 1100 万 kW。按照 2011 年国家发展改革委牵头发布的《关于发展天然气分布式能源的指导意见》，截至 2020 年，装机规模将力争达到 5000 万 kW。保守预计至 2020 年，天然气分布式能源装机达到 1500 万 kW，在气源充足且运行状况良好的情况下，2020 年分布式项目天然气消费量将会达到 200 亿 m^3。

第 2 章　燃 气 泄 漏 预 警

燃气泄漏事故的风险性很高，导致严重的后果，危及人身健康，造成财产的损失。如果大量的燃气泄漏，会造成不可控制的死伤事件，泄漏气体遇到明火，浓度达到爆炸极限，发生火灾、爆炸事故，导致死伤惨重的事故。

为了控制、减轻和消除燃气泄漏突发事件引起的危害及造成的损失，使燃气公司能够快速反应、有效控制和妥善处理，减少事件损失，应制定燃气泄漏预案。

2.1　燃气泄漏与危害

2.1.1　燃气介质有害因素分析

这里所指燃气主要包括天然气（包括管道天然气 NG、压缩天然气 CNG 、液化天然气 LNG ）、液化石油气、LPG（以下简称燃气）。燃气失控泄漏风险主要来自燃气介质自身的易燃易爆特性和燃气在储存、输送、使用过程中失控造成泄漏两种可能因素，各种燃气本质危害性如下：

(1) 天然气（管道天然气 NG、CNG 、LNG ）

天然气又称油田气、石油气、石油伴生气，其化学组成及其理化特性因地而异，主要成分是甲烷，甲烷含量占 95%以上，还含有少量乙烷、丁烷、戊烷、二氧化碳、一氧化碳、硫化氢等。天然气燃烧后生成二氧化碳和水，而使烟气不污染大气，被视为洁净能源；天然气既是优质的民用和工业燃料，是理想的城市气源，又是化工产品的原料。

甲烷对人的生理无害，但有窒息作用。当其在空气中浓度达到 10%时，可使人窒息死亡。空气中天然气（甲烷）含量达到 5%～15%时，遇着火源会发生爆炸。

一氧化碳是无色无味，具有微臭的气体，它是天然气不完全燃烧的产物。空气中一氧化碳浓度不得大于0.0024%，一氧化碳对人体危害极大，它与人体内血红蛋白的结合力大于氧的结合力，会造成人体组织缺氧，从而使人发生窒息，严重时引起人的内脏出血、水肿及坏死。由于一氧化碳的特性，使人难以觉察它的存在，被人们称为“沉默杀手”。当中毒后发生头晕、恶心等症状时，即使能意识到是一氧化碳中毒，但往往已经丧失控制行动的能力，不能打开窗通风或呼救。此时若不被人发现，发生死亡事故的可能性很大。

二氧化碳是无臭而带酸味的无色气体，是天然气燃烧后的产物。二氧化碳具有麻醉作用，能刺激皮肤和黏液膜。二氧化碳在新鲜空气中含量为0.04%，对人体无害。当燃烧废气充满室内未补偿新鲜空气时，室内二氧化碳浓度增加，氧含量相对减少，会使人发生窒息。

天然气密度比空气小，一旦泄漏，将迅速伴随空气流动向上方扩散，如果通风不良，泄漏的气体容易积聚，如不及时处理，将十分危险，因此管道中输送的天然气需经加臭处理，往其中加入少量的四氢噻吩。天然气主要具有易燃性、易爆性、易扩散性、强氧化性，其中CNG（压缩天然气）气体压力通常为20MPa以上，属于超高压气体，如有泄漏，高压气流喷射可能会造成人体伤害：LNG（液化天然气）为超低温液体，温度通常为－162℃以下，一旦泄漏，容易导致冻伤或引发设备设施冷脆裂等安全问题。

（2）液化石油气（LPG）

液化石油气的主要成分为丙烷、丙烯和丁烷等，是无色气体或黄棕色油状液体，火灾危险性为一类一级。闪点－74℃，自燃温度427～537℃，爆炸极限为1.5%～9.5%，最小着火能量也很低，只有3×10^{-4}J，极易与空气混合形成爆炸性混合物，遇明火、高热极易燃烧爆炸。

液化石油气扩散范围大。液化石油气在常温常压下为气态，为了存储方便而普遍通过加压的方法使其液化（环境压力高于饱和蒸气压就会液化，前提是在临界温度以下）。当它从液态变成气态时，1L液化石油气可气化为250～350L气体。再加上它的密度比空气大，约为空气的1.5～2.0倍。

液化石油气爆炸破坏性大。液化石油气的热值92114～121423kJ，比普通的城市煤气约高6倍，而它在燃烧爆炸的一瞬间就要将所有的能量释放出来，所以其燃烧猛烈，爆炸威力大。据试验测定，1L液化石油气与空气混合浓度达到2%时，能形成体积为12.5m^3的爆炸性混合物，爆炸速度为2000～3000m/s，火焰温度2000℃，使具有爆炸危险的范围大大扩大，因而所产生的破坏程度也相应增加。根据计算，100kg的液化石油气扩散后其爆炸能量相当于72kg的TNT炸药。100m^3的液化石油气扩散后其爆炸的能量相当于36tTNT炸药，致死半径51m、重伤半径99m，轻伤半径145m。

泄漏在空气中的液化石油气被吸入人体内，会使人昏迷、呕吐，严重时可使人窒息死亡。若遇明火发生爆炸，在场的人员也会被烧伤，甚至肺部呼吸道都能着火，造成重伤残废，甚至死亡的严重后果。

2.1.2 燃气泄漏原因

（1）燃气在输送过程（不含支线管道）的失控泄漏

由于燃气在输送过程中，压力较高，且所经环境较为复杂，管道、阀门等设备设施保养不善易发腐蚀老化或第三方破坏，如果发生泄漏会产生经济损失、环境污染，可能引发火灾、爆炸等危险，处理不及时或处置不当会造成下游用户停气、人员伤害及其他次生灾害。燃气在管道输送过程中容易发生失控泄漏的部位主要有：调压工艺装置处、管道焊缝处；阀门密封垫片处；管段的变径和弯头处；管道阀门、法兰接口处；波纹管、伸缩节处；长期接触腐蚀性介质的管段处等。燃气在管道、调压箱（柜）及管道附件泄漏原因是多方面的，主要有：

1）质量因素：结构设计不合理；管件与阀门的连接不紧密；管壁太薄；管道耐压不够；管道材料本身缺陷，加工不良；施工焊接、防腐质量低劣；阀门、法兰密封失效等。

2）工艺因素：如管道中介质流动时产生冲击与磨损；反复应力的作用；调压工艺装置失效；低温下管材冷脆断裂、老化变质；高压燃气窜入低压管道发生破裂；燃气含有的腐蚀性物质产生的内部腐蚀；外部环境锈蚀等。

3）安全附件缺失或失效：如安全阀、压力表等安全附件存在质量问题，没有定期检测，或出现故障失效，会造成泄漏。

4）外来破坏因素：如外力撞击管道或调压箱（柜）、车辆碰撞管道或调压箱（柜）、公路下的管道受车辆重载碾压破坏；建筑物占压管道上部地域；管道被磨损；管架和管支不稳定；地震、滑坡、崩塌、地面沉降等地质灾害导致损坏；暴雨等灾害天气引起的洪水、泥石流对管道或调压箱（柜）破坏；环境温度变化引发管道材质产生拉伸，造成管道破坏；植物根系破坏管道；机器振动、气流脉动引起的管道振动；野蛮施工造成外力破坏；操作失误引起泄漏；超温、超压、超负荷传输；维护不周，不及时维修，超期服役；人为有意破坏等。

5）其他情况的损坏。

（2）用户端失控泄漏

用户端包括下游居民、工业等用户，大多分布在人口密集、公共设施集中的区域，涉及人员多。因户内燃气设施老化、操作不慎、私改管线等都易引起燃气泄漏。由于点多面广，泄漏事故发生概率较高，一旦发生用户端泄漏，对居民及城市影响范围较大，所引发的次生灾害将危及城市和居民安全，不仅造成严重的人员伤亡和财产损失，而且带来巨大的社会影响，依据公司多年安全生产经验，总结归纳出户内燃气泄漏主要有以下几种情况：

1）户内燃气设施的泄漏。主要包括管道、燃气表、阀门和燃具发生的突然泄漏和自然泄漏。突然泄漏一般因设备、设施质量引发，自然泄漏量很小，初期难以察觉，绝大多数自然泄漏发生在燃气设施运行时间较长、环境条件较差的老住宅区。

2）用户燃气器具使用不当造成的泄漏。灶具泄漏量取决于灶具的负荷和旋钮开启的程度，多见于灶具单眼泄漏，多发生在视力差、嗅觉迟钝的老年用户。

3）胶管脱落或老化形成的泄漏。胶管是户内燃气设施中较为薄弱的环节，极易发生脱落或老化龟裂，一旦泄漏，泄漏速度较快。

4）其他原因泄漏，例如人为故意泄漏，私改管线等。

2.2　燃气泄漏事件分级

分级原则应与《国家突发公共事件总体应急预案》分级相吻合，按照燃气事故的性质、严重程度、可控性和影响范围等因素，分为Ⅰ级（特别重大，红色）、Ⅱ级（重大，橙色）、Ⅲ级（较大，黄色）、Ⅳ级（一般，蓝色）四个等级。燃气事故应突出燃气行业的特点，对各类事故要进行明确、细化。根据事故发生的严重性，将事故等级划分为4级。

2.2.1　一级突发事件

（1）站场工艺区或燃气输送设施严重损坏，泄漏可能引发较大火灾、爆炸或中毒，中压以上干线可能中断停输 8h 以上。

（2）设备设施自身原因泄漏抢修影响 1000 户以上居民用气超过 24h。

（3）第三方破坏原因泄漏抢修影响 10000 户以上居民用气超过 24h。

（4）泄漏处置需要紧急转移安置 500 人以上。

（5）泄漏事件发生在学校、医院、广场等人口密集区等社会关注区域。

2.2.2 二级突发事件

（1）站场工艺区或燃气输送设施损坏较大，泄漏可能引发火灾、爆炸，中压以上干线可能中断停输 4h 以上 8h 以下。

（2）泄漏抢修影响 500 户以上 1000 户以下居民用气超过 24h。

（3）第三方破坏原因泄漏抢修影响 5000 户以上 10000 户以下居民用气超过 24h。

（4）泄漏处置需要紧急转移安置 100 人以上 500 人以下。

（5）泄漏事件发生在城镇居民居住区、主干道等重要区域。

2.2.3 三级突发事件

（1）站场工艺区或燃气输送设施遭到一般损坏，泄漏可能引发火灾、爆炸，中压以上千线可能中断停输 2h 以上 4h 以下。

（2）设备设施自身原因泄漏抢修影响 300 户以上 500 户以下居民用气超过 24h。

（3）第三方破坏原因泄漏抢修影响 3000 户以上 5000 户以下居民用气超过 24h。

（4）泄漏处置需要紧急转移安置 30 人以上 100 人以下。

2.2.4 四级突发事件

突发事件情形低于三级燃气泄漏突发事件指标的为四级突发事件。

2.3 燃气泄漏处置措施

2.3.1 燃气泄漏处置措施及注意事项

1. 发生燃气泄漏事件后事故单位立即启动现场处置应急预案，按照预案程序进行处置。

（1）报告

1）按照信息报告程序上报事件情况，报告方式可以使用呼喊、对讲机、打电话、传真、群发短信、电视告知等多种方式。

2）注意保证现场信息报告渠道和上级了解现场情况信息渠道的畅通。

（2）控阀

1）控阀有彻底关断阀门和部分关闭控制阀门降压两种形式，以控制来气上游阀门和下游阀门，应按照泄漏实际情况控制阀门开闭的大小。

2）如采用控阀降压处理，应有专人和专门监测装置监控燃气压力变化（根据不同燃气种类，控制在300～800Pa范围），降压过程中应控制降压速度，严禁管道内产生负压。

（3）放散

1）放散方式有打开放散阀安全放散、自然开放通风、防爆风机强制通风等，应按照突发事件实际情况选择合适放散方法。

2）由于放散点周边燃气浓度较高，在放散时，应注意避免放散过程产生火花，所用器具必须防爆。

（4）检测

1）检测是采集泄漏后燃气浓度和环境影响的相关参数。

2）检测包括气质检查、浓度测量、温度、风速、风向测定等方面。检测结果是后续处置的依据，可进行定时检测或连续监测。

（5）探边

1）探边可进行露天检测、挖掘检测、窨井沟渠检测、交叉管网检测、建筑物检测等。

2）探边结果是决定警戒、撤人的依据，探边操作中应特别注意对管沟串气、楼宇邻户串气的探测。

（6）禁火

1）在事件场所要严格注意熄灭明火、避免产生电火花、防止尾气火星、防止静电火花，禁用非防爆型的机电设备及仪表工具等。

2）禁火是燃气泄漏后避免事态扩大的重要手段，应予以重视，严禁使用可能产生火花的工具进行作业，严禁在禁火区域拨打电话。

3）禁火也可采用断电的方式，但是如切断电源位置处于泄漏区域范围内，应采用禁止用电的方式断电。

（7）撤人

1）撤人包括撤出泄漏区域内的外部人员和处置失效后内部人员撤离两个层面，要特别注意撤人过程中应防止产生火花引爆。

2）在处置失控后，达到撤离条件时，内部人员无需指令可立即自行按照逃生方法和路线撤离。

3）撤出泄漏区域内的外部人员，尽快启动公安、社区、相关方联动。

（8）警戒

1）警戒任务包括拦阻外部人员、实时监控警戒线边缘的数据、监护危险区域内的应急人员、正确引导媒体和公众四方面工作。

2）应注意警戒范围要随探边检测数据的改变随时变化，警戒区内应管制交通，严禁烟火，严禁无关人员入内。

3）泄漏区域的警戒需要公安、交警、相关方支持和配合，及时启动联动信息和报告装置。

（9）处置

1）处置包括发现人初期处置、判定泄漏点、进行抢维修等过程，处置方法应符合现行行业标准《城镇燃气设施运行、维护和抢修安全技术规程》CJJ 51的相关要求。

2）处置过程中应特别注意防止引发次生事故，处置过程必须严格遵守维抢修操作规程，尽量减少现场操作人员的数量，作业现场应有专人监护，严禁单独操作，严禁使用明火查漏。

（10）恢复

1）当恢复任务量超出单位恢复能力，应尽早向上级求援。

2）恢复包括安全试验、原因分析、责任认定、恢复运行四个步骤。

3）燃气泄漏原因未查清或隐患未消除时，不许进入恢复阶段，不得撤离现场，需采取安全措施，直至原因找到，消除隐患为止。

4）管道泄漏如采用关阀处置方法，在开阀恢复前，必须检测下游管道内的压力，如管道内已无压力，必须按照现行行业标准《城镇燃气设施运行、维护和抢修安全技术规程》CJJ 51通气的相关要求进行置换。受影响的下游用户类同。

5）完成修复后，对事故点周边夹层、害井、烟道、地下管线和建筑物等场所进行全面检查，安排对事故点进行24h重点监护，临时性补救恢复要在有效期内及时修复整改。

6）恢复后必须按照“四不放过”（事故原因未查清不放过、责任人未处理不放过、整改措施不落实不放过、有关人员未受到教育不放过）原则进行事故总结，防止类似事故再发生。

2. 用户端燃气泄漏处理措施及注意事项：

（1）应急抢修人员达到现场应询问用户具体情况，根据用户提供的情况，初步判断泄漏原因和部位. 告知用户抢修时应注意的事项。

（2）应急抢修人员用检测仪对现场进行检测，确认用户前期处置是否正确和有效，不正确的先进行前期处置（关闭表前阀、开窗、禁火）。具体处置：

1）前期处置有效（现场已无泄漏浓度）的处理应急抢修人员由表前阀向后顺气流方向进行检查，必要时通过气密实验查找漏点，确认漏点后进行相应处理。

2）现场泄漏浓度超标（爆炸下限 20％）的处理当泄漏点明显，应急抢修人员应关闭泄漏点前端阀门，向上级报告求援，组织漏点周边人员开窗放散，撤离，禁火，在漏点周边监测并警戒，待援。当泄漏点不明，应急抢修人员应控制立管阀门，向上应急报告求援，量力组织放散、撤离、禁火、检测、探边、警戒、待援。

3）现场有泄漏，浓度不超标的处理应急抢修人员应检测并监控浓度，由表前阀（含阀）向前逆气流方向进行检查，确认漏点后进行相应处理，控制立管阀门。当上述方法没有发现漏点，应急抢修人员应及时查看检测浓度的变化情况；

浓度降低，按 1）中处置方法处理。

浓度升高，按 2）中泄漏点不明情况处理。此时应急抢修人员应扩大探边范围，必须考虑泄漏源来自上下左右周边邻里、地下窜入的可能性。

（3）特殊情况的处置：

1）居民倾倒液化气残液引发的误报，当现场弥漫燃气气味，但现场检测和监控却没有达到所供应燃气的浓度。此时应急抢修人员需报告当地消防或公安部门复查复检，移交处理获得确认后经同意方可撤离。严禁在没有政府有关部门（消防、燃气办或公安）确认情况下，解除应急处置撤离。

2）居民由于其他气味引发的误报，应急抢修人员在现场没有发现漏点，恢复供气后现场检测并监控，没有发现所供应燃气的浓度，应急抢修人员应在关闭门窗半小时后进行复查复检，确认无误后把情况报告派工人，经派工人同意方可撤离。

应急抢修人员撤离前应告知用户注意事项和燃气室内泄漏早期处置方

法。安排专人 12h 内对该用户进行有效回访问询。

2.3.2 不明泄漏处置措施及注意事项

（1）先期处置

（2）检测

1）燃气种类分析检测：在先期处置过程中，首先要通过检测确定泄漏气体是否属于管道内传输的燃气。

2）燃气浓度检测：在先期处置过程中，当确定泄漏气体属于管道内传输的燃气后，应同时开展燃气浓度含量检测。

3）压力检测：压力检测包括通过调控系统的远传数据监测、场站的压力监控仪表监测、调压箱的压力表检测、阀门放散口压力表（或 U 形计）检测。

4）流量监测：调控部门应及时监测各级监控的燃气流量数据，根据与正常状况下的流量数据比对，可粗略确定泄漏流速和大致范围。在泄漏现场管道分布复杂、区域调压装置安装有流量计的情况，应监测区域调压装置的流量计指示。

5）有毒有害气体检测：当泄漏应急抢修需进入阀井、窨渠、管道等有限空间前，应首先进行硫化氢、一氧化碳等有毒有害气体检测，同时应检测有限空间内氧含量达标。

（3）探边

1）地上探边：根据地上燃气浓度检测结果，查找划定达到爆炸下限 20%的边界和燃气浓度为 0 的边界。地上探边包括相关的建筑物、停靠车辆等内部。

2）地下探边：在相关区域，通过地下钻孔等方法，检测地下的燃气浓度，查找划定达到爆炸下限 20%的边界和燃气浓度为 0 的边界。

3）沟井管道探边：查找相关区域内的上水、下水、暖气、电力、电信等全部阀井、害井，检测井内的燃气浓度，对发现有燃气浓度的井。应沿敷设管线向外扩展探测，查找燃气串气蔓延的边界。发生燃气不明泄漏应对敷设有套管的管道井应格外关注。

（4）控阀

1）关阀：当发生不明泄漏且泄漏量较大或影响面积较大时，应首先考虑关闭泄漏管段上、下游阀门，控制局面。当出现泄漏区域内存在多条管线情况，关阀应由低向高逐级、逐段关闭。关阀同时应对关闭的管段进行压力检测，通过压力检测结果判定的位置。

2）控阀：当确定了泄漏管段，且泄漏量和影响面积较小时，为降低恢复难度，可采用控阀降压修复处置，控阀应有专人和专门监测装置监控燃气压力变化（根据不同燃气种类，控制在300～800Pa范围），降压过程中应控制降压速度，严禁管道内产生负压。

（5）放散

1）泄漏燃气的放散：通过对泄漏管段周边建筑物、管沟、阀井、害井、检测探孔等采取自然开放通风（例如开窗对流、开盖通气）、防爆轴流风机强制通风等方法放散泄漏的燃气，降低燃气浓度。当查漏开挖管沟后，聚集在土壤中的燃气会出现泄放，应根据情况及时使用防爆轴流风机强制通风。

2）泄漏管段内燃气的放散：当确定了泄漏管段，且泄漏量较小时，应通过在固定放散装置（例如调压箱放散管）或临时放散装置（例如由阀门放散孔引出放散管）进行放散。尽量避免泄漏点周围燃气的浓度上升，泄漏范围的扩大。

（6）警戒

1）外围警戒：根据探边结果，在燃气浓度为0的边界应实行外围警戒。外围警戒应布置警戒线及标识、实施燃气浓度检测监控、采取禁入措施。

2）危险区域警戒：根据探边结果，在燃气浓度达到爆炸下限20%的边界和抢险施工范围应实行危险区域警戒。危险区域警戒应布置警戒线及警示标识、实施燃气浓度检测监控、风向监控、入口设置静电释放装置，危险警戒区域内应采取禁火、防爆、撤人等安全措施。

3）交通封锁：当泄漏影响公用交通道路时，应协助到场交警在外围警戒外的路口布设交通封锁线，实施交通禁入措施。

（7）撤人

1）危险区域内的撤人疏散工作，应检查所有住户、单元是否有伤亡人员。疏散时要在适当位置粘贴标识，做好记录，以免重复工作或出现遗漏。疏散任务完成后，应定时对建筑物内燃气浓度进行检测监控。

2）撤人疏散时要请派出所或社区人员协助，讲清道理，做好宣传，挨家逐户敲门，告知不能在警戒区域内滞留，填写现场疏散登记表，室内检测记录，请被疏散居民签字。

（8）查找漏点

查找漏点是燃气不明泄漏的关键步骤，对应急抢修时间和事故后果影响很大。查找漏点的关键点及注意事项：

1）查找不明漏点应根据管线分布图纸或电子地图，结合现场检测、实际勘察的结果情况，初步分析判断泄漏原因和泄漏管段。

2）不明漏点的查找：根据压力检测结果，确定泄漏的管段；根据燃气浓度检测结果，确定泄漏的中心区域；对中心区域进行钻孔取样检测甄别；查找资料，各种查漏方法相结合，确定疑似漏点；对疑似漏点进行挖掘查找。

3）当泄漏现场有多条管线并行情况，应根据分段压力检测（或气密试验）结果确定泄漏管段。发生大面积的突发不明泄漏，应理清泄漏区域的管道布置情况，首先应怀疑中压以上管道泄漏，结合流量、压力变化判断泄漏管段。

4）开挖查找漏点时，应注意观察管道四周土壤的变化。较大泄漏时，管道周边土壤一般会出现干燥、板结（蚂蚁窝状）、产生气洞等异常状况。

查找钢制管道漏点，应注意有可能漏点被防腐层遮盖。查找漏点的方法：

① 循迹检测查漏法；

② 钻孔检测查漏法；

③ 分段打压查漏法；

④ 挖探坑查漏法；

⑤ 注水查漏法。

（9）抢修恢复

抢修恢复包括应急供气、漏点抢修、事故状态恢复等方面工作。

1）漏点抢修发现漏点，现场具备抢修条件后。应按照现行行业标准《城镇燃气设施运行、维护和抢修安全技术规程》CJJ 51 的要求实施抢修。具体抢修方法参照对应材质的管道泄漏处置原则实施，同时应注意：

① 作业前，对作业面存在燃气浓度或其他有害气体的沟井、管道进行放散或强制通风，驱散积聚的燃气或有害气体，浓度降低到规程允许范围内，方可实施作业。

② 应尽量减少进入作业区的操作人员数量，作业人员应按规定穿戴防护用具，作业时必须有专人监护。

③ 开挖作业坑时：应根据地质情况和开挖深度确定放坡系数和支撑方式，应设置便于逃生的梯子或坡道。

④ 对采取临时措施（如使用抱卡紧固堵漏）进行漏点修复的情况，在作业坑回填时宜预留安装检测管，并在有效期内完成永久性修复。

2）应急供气

当泄漏影响较大时，为减少社会影响，便于事故状态的恢复，在具备应急供气装置的情况下，应考虑对事故影响的下游管网实施应急供气。安装使用应急供气装置工作可以与漏点查找抢修同步分工实施。确定漏点后，可安装使用。应急供气装置安装使用过程中应遵循应急供气装置的操作规程并注意以下三项内容：

① 通过压力检测确保应急供气管网无泄漏，应急供气管网与泄漏管段应用盲板隔离。

② 应急供气前，应确保供气管网内燃气在正压状态，否则应进行置换。

③ 应确保应急供气装置在管网上的接入点位置合理，使用安全。

3）事故恢复阶段的注意事项

① 按现行行业标准《城镇燃气设施运行、维护和抢修安全技术规程》CJJ 51 要求，对停气的管网和用户进行安全试验、恢复通气。

② 采取停气修复的管道，修复后应按投运规程对停气管段进行气密试验，确保没有其他泄漏点再置换通气。采取不停气修复完成后，应检测监控修复点周边燃气浓度，防止还有未修复的其他漏点。

③ 恢复供气之后，应对抢修部位、周围密闭空间及居民户内应进行检测，特别要检测管网周边其他沟井涵渠是否有串气或燃气残留，确认无燃气浓度后，抢险人员方可结束抢险工作，撤离现场。

④ 24h 之内应对事故管网进行全面复查，一周之内对泄漏部位再次进行复查。

⑤ 做好相应的处置、恢复记录，应详细清晰的记录处置步骤，泄漏原因，处理结果，恢复检测数据，完成时间等。

第 3 章　人为事故的分析和防治

在第 2 章中提到燃气泄漏的原因有很多，诸如管道质量问题、老化、磨损，还有人的错误操作等。据统计，在国内引发燃气泄漏的原因中有 80%以上和人有直接或间接的关系。比如，员工和用户的错误操作、检修失误、生产失误等。

很多燃气泄漏事故是可以避免的，而这些可以避免的事故中多数是由于人为错误造成的。在实际工作中涉及人为错误的事故很多，但往往只看重引发事故的直接错误行为，比如施工现场人员的直接失误等。在追究责任时，有些人也往往企图将事故责任更多地推卸到进行错误操作的现场人员身上。其实在这种直接导致事故发生的错误之前都隐含着造成这种错误的多种因素，它们增加了错误实际发生的可能性，这就是错误隐患。错误隐患大多是由于设备或生产不良、人员培训不足、监督不力、职责不明等形成的。

3.1　人为事故的表现

曾有安全管理专家调查了 170 万起事故。研究和分析得出的结论是，事故原因通常可分为三大类。(1) 人为因素：由于人为因素或效率不足造成的不安全行为，占所有事故的 88%；(2) 工艺工程因素：由于规划不佳或规划不佳工作程序，占所有事故的 10%；(3) 不可避免的事件：自然灾害或采取所有可行的预防措施，占所有事故的 2%。

由此可见在生产过程中，人为因素是安全因素中的一个主要因素。因人为因素导致事故屡见不鲜，其造成重大伤亡事故和经济损失也时有报道。北京东方化工厂“6·27”火灾爆炸事故和中石油吉林石化分公司双苯厂“11·13”爆炸事故，都是操作人员疏忽大意，错误开关阀门导致爆炸。事故的危害和损失令石油化工行业和全社会受到极大震惊。事故致因理论证明，造成事故的直接原因主要是人的不安全行为和物的不安全状态两种因素。现代安全生产中，物的不安全因素具有一定的稳定性，而人则由于其自身及社会的影响，具有相当大的随意性和偶然性，是激发事故发生的主要因素。因此正确分析人为因素在事故中的作用，对事故分析是非常重要的。

3.1.1　人为失误的分析

人为失误是指在某一特定系统中的操作人员在完成任务的过程中因意识、判断或行为等出现疏忽，从而不能根据当时环境和情况进行适当的操作，最终致使其无法正确处理面临的情况而发生系统运行的失常。失误与违章的区别，前者是执行者的知识水平和工作能力问题而出现差错，带有较大的盲目性和随机性；后者是知道应该如何操作而有意违反，带有明显的故意性和习惯性，是一个思想认识和工作态度问题。违章与失误的共性是它们都偏离了事物发展所应遵循的客观规律。

人为失误的种类：

（1）疏忽和差错：注意力分散和偏见；正常可预见环境的变化；压力和疲劳。

（2）基于法规的错误：没有考虑法规而草率决定；没有注意到法规不适用；错误应用“简化的”法规；由于信息不明确而犯错。

（3）基于技能的错误：缺乏训练；不交流经验；实际操作过少。

（4）基于知识的错误：由于无知而犯错；由于无知而自负；有关原则的理解错误。

（5）违反安全惯例：自满；冷漠导致懒散而不是遵守；凭经验；被迫执行而不是出自意愿的遵守；个体或团队的动机与行为问题。

人失误产生的主要原因，是一个很复杂的问题。既有人的主观原因，也有客观原因；有生理、心理因素，也有环境因素。产生失误的主观因素有：技术素质差、不良习惯、侥幸心理、精神不集中等。生理，心理因素主要指人的视觉、听觉、嗅觉、记忆情况，以及疲劳、情绪等状态。环境因素主要指作业场所的尘毒危害、工业噪声、环境温度及照明等。

因为人本身具有不稳定性，一个人的行为总是受到多方面的影响，包括身体状况、心理压力、环境制约等，所以当一个人的行为受到这些因素的干扰时，就容易产生失误。著名的“墨菲定律”也证明了这一观点。由此说明，在生产工作中，人的失误很难杜绝。但应该采取积极有效的、可行的预防措施，努力减少各种失误，即使发生失误也不能造成重大损失。

零失误、零错误永远是人们追求的目标。

在生产实践活动中，人既是促进生产发展的决定因素，又是生产中安全与事故的决定因素。人的安全行为能保证安全生产，人的异常行为会导致与构成生产事故。因此，要想有效预防、控制事故的发生，必须做好人的预防性安全管理，强化和提高人的安全行为，改变和抑制人的异常行为，使之达到安全生产的客观要求，以此超前预防、控制事故的发生。

3.1.2 人为因素在事故预防中的作用

事故发生当时的周围情况涉及的是人为因素细节，而不是人的失误，这对理解事故的发生是一个重要的前提。尽管在多数事故序列中，失误毫无疑问是存在的。但从广义而言，人为因素也被涉及。

例如，所采用标准操作工作方法的形式和对确定工作方法的性质及可接受性所产生的影响，包括最早期的管理中的决定等。显然，有缺陷的工作方法和决定是与失误有关的。因为这样涉及判断和推理的失误，但有缺陷的工作方法是可以通过其特性来加以区别的，也就是判断和推理中的失误一旦被批准成为标准操作方法，由于没有即时纠正的后果，往往使人们对这种表现没有紧迫感。然而，它们应该被认为是一个不安全的、带有基本要害的工作系统。其所提供的状况，可能在以后无意识的与人的行为相互配合而直接引发事故。在这里，人为因素包括在个人及其所处工作环境之间相互作用中所涉及的许多成分，其中某些是直观和显而易见的部分，它们在工作系统中不出现即时的有害后果。例如仪器的设计、使用和维护、规范条例、个人防护及其他安全设备的使用和维护，以及来自管理者或工人，或两者共同产生的标准操作方法等，所有这些都是实践中人为因素的例子。即使已经排除人为成分，直接地涉及事故本身，但在系统功能中，这些显而易见的人为因素在很大程度上仍然反映整个组织的背景情况。

组织的特性可集中称为组织文化和组织气氛，这类术语已经用来表明个人所拥有的一组目标和信念、组织的目标以及信念对个人的影响等。最后，反映组织特性的共性或规范准则，可能就是影响各级水平对安全行为的态度和促进的决定性因素。例如，在工作环境的条件下，耐受危险的水平就是由这类规范准则决定的。很明显，任何在工作系统及工人们所用的标准操作方法中反映的组织文化，是人为因素在发生事故中的主要原因。习惯上对事故的看法是在事故发生的当时和当地突然间做错了许多事情，所以人们只是把注意力集中在事故发生当时可以公开地测量的事件上。实际上，失误发生的本身就可能存在允许不安全操作或失误表现。为了揭示工作系统中早已存在的引发事故的条件，就必须考虑到问题的各个方面，这也涉及能影响事故发生的人为成分。因此从广义上看，在事故发生的原因中，人为因素的作用可能是极其重要的。工作系统中不完善的决定和实践，虽没有产生即时的影响，但是它可产生一种使操作者发生操作失误的条件，以致发生事故（失误的结局）。传统上，由于与事故发生相隔的时间太远，而且与事故之间的因果联系并不明显，所以在事故分析的设计和资料收集中，常常忽略了事故组织方面的作用。但最近已明确，在结构分析和资料收集系统中，要将事故的组织因素包括在内。

了解了与事故有关的广泛环境情况在引发事故的潜在原因中的意义之后，描述事故发生原因的最好做法就是考虑有关成分的机遇，以及它们彼此之间是如何相关的。

第一，引发事故的原因各不相同，其时间也不一样。而且这两个方面的因素彼此也各不相同、不尽一样。也就是说，原因之所以重要，是因为它们出现于接近事故发生之时，因此揭示了事故发生时的某些情况，或者是由于它们是事故的主要的根本的原因，或者是两者均有。在验证时间因素和原因因素重要性时，会涉及较广泛的环境情况以及事故发生当时的情况，分析的焦点应放在为什么会发生事故，而不要着重于它们是怎样发生的。

第二，通常大家都知道事故是由多方面的原因引起的，在工作系统内，人、技术和环境成分是以其关键性的方式相互作用的。传统的事故分析模式仅局限于所规定的分类范围内，限制了获得资料的性质，因此也限制了选择最优预防行动的范围。所以，当考虑事故的周围环境情况时，所利用的模型不得不涉及更广泛的因素。某个人为因素可能会与其他人为因素以及与其他非人为因素相互作用。在因果关系网络内广泛地存在着各种不同成分，无论它们是联合出现的，还是以相互作用的方式出现的，都提供了最完整的和最富于信息性的事故发生的图像。

第三，要考虑事件本身的性质及其对事故影响的性质这两方面的问题，以及两者相互作用的问题。尽管总是存在多种原因，但它们的作用程度并不都是相等的，确切地认识各因素的作用对理解事故为什么发生以及如何防止它再度发生是非常关键的。例如，事故发生当时的环境可能有影响，因为早期的行为因素是按标准操作方法进行的。同样，在工作系统原有的各方面可能会提供这种背景条件，即在这个条件下，以熟练技能为基础的行为所犯的常规失误，也可能突然发生带有危害后果的事故。在正常情况下，这类常规失误是没有严重后果的。如果目标是对准潜在的基本事故原因，而不是对准促发因素，则采取预防措施将是最好的和最有效的。因此，只有考虑到了所有各个类型的因素、检查了它们相应的时机并确定了它们的相对的重要性，才可能理解因果关系的网络系统，并理解他们是如何影响结局的。

尽管人的活动可能以无数的不同方式直接促成事故的发生，但相对地，只有少数因果途径的模式能说明大多数事故的因果关系，特别要强调在基本潜在的现场条件下，使得人为因素或其他因素能产生效应的场合仅局限于少数工作系统方面。据有关报道，在澳大利亚仅用四种因素模式便可解释他们在3年期间观察到的大约2/3的职业性死亡的原因，而且毫不奇怪，几乎所有这些事故都是在某些场合涉及人为因素。总结人为事故因素的性质依据其类型、时机选择以及在造成事故发生的重要性方面而有不同。在多数情况下，人为因素是以有限范围的先前存在的形式和在有缺陷的工作系统中，产生了造成死亡事故的最根本和最主要的原因。若这些因素与熟练操作期间的失误相结合，或与存在于环境中的有害物质联合，就会进一步促进事故发生。这些方式说明了在事故发生中主要涉及人为因素的层次作用，但是当用于制订预防措施时，问题就不能仅仅简单地描述那些人为因素涉及事故中的各种各样的方式，而要确切地查明在什么地方和如何才能更有效地进行干预。因此，只有当所使用的模型能精确地、综合地描述事故因果关系中各种相关因素（包括因素的性质、相关时机的选择以及相关的重要性）的复杂网络系统时，才有可能达到此目的。

3.2 影响人行为的因素

人的安全行为是复杂和动态的，具有多样性、计划性、目的性、可塑性，并受安全意识水平的调节，受思维、情感、意志等心理活动的支配；同时也受道德观、人生观和世界观的影响；态度、意识、知识、认知决定人的安全行为水平，因而人的安全行为表现出差异性。不同的企业职工和领导，由于上述人文素质的不同，会表现出不同的安全行为水平；同一个企业或生产环境，同样是职工或领导，由于责任、认识等因素的影响，会表现出对安全的不同态度、认识，从而表现出不同的安全行为。要达到对不安全行为抑制的目的，面对安全行为进行激励，需要研究影响人行为的因素，安全行为科学为我们解决这一问题。

3.2.1 社会心理因素

（1）社会知觉对人的行为的影响

知觉是眼前客观刺激物的整体属性在人脑中的反映。客观刺激物既包括物也包括人。人在对别人感知时，不只停留在被感知的面部表情、身体姿态和外部行为上，而且要根据这些外部特征来了解他的内部动机、目的、意图、观点、意见等。人的社会知觉可分为三类：一是对个人的知觉。主要是对他人外部行为表现的知觉，并通过对他人外部行为的知觉，认识他人的动机、感情、意图等内在心理活动。二是人际知觉。人际知觉是对人与人关系的知觉。人际知觉的主要特点是有明显的感情因素参与其中。三是自我知觉。自我知觉指一个人对自我的心理状态和行为表现的概括认识。人的社会知觉与客观事物的本来面貌常常是不一致的，这就会使人产生错误的知觉或者偏见，使客观事物的本来面目在自己的知觉中发生歪曲。产生偏差的原因有：第一印象作用；晕轮效应；优先效应与近因效应；定型作用。

（2）价值观对人的行为的影响

价值观是人的行为的重要心理基础，它决定着个人对人和事的接近或回避、喜爱或厌恶、积极或消极。领导和职工对安全价值的认识不同，会从其对安全的态度及行为上表现出来。因此，要求职工具有合理的安全行为，首先需要有正确的安全价值观念。关于事物的价值的看法，它代表了一系列基本的信念，是关于客观事物的意义、重要性、价值的总的评价和看法。一个人价值观中不同内容具有不同的重要程度，具有层次性，形成一个人的价值系统。

组织成功的经验之一，就是有明确的价值观、共同的信念。IBM公司创始人托马斯·沃森称在他所著的《一个企业和它的信念》总结企业成功的经验时认为：第一，任何组织要生存和取得成功，必须有一套健全的理念，作为该企业一切政策和行动的出发点；第二，公司成功的唯一最重要的因素是严守这一套信念；第三，一个企业在其生命的过程中，为了适应不断改变的世界，必须准备改变自己的一切，但不能改变自己的信念。

正是由于该公司严守为客户提供世界上任何其他公司都比不上最佳服

务、追求卓越和尊重员工的信念，才在市场的竞争中取得了成功。

（3）角色对人的行为的影响

在社会生活的大舞台上，每个人都在扮演着不同的角色。有人是领导者，有人是被领导者，有人当工人，有人当农民，有人是丈夫，有人是妻子等。每一种角色都有一套行为规范，人们只有按照自己所扮演的角色的行为规范行事，社会生活才能有条不紊地进行，否则就会发生混乱。角色实现的过程，就是个人适应环境的过程。在角色实现过程中，常常会发生角色行为的偏差，使个人行为与外部环境发生矛盾。在安全管理中，需要利用人的这种角色作用来为其服务。

关于事物的价值的看法，它代表了一系列基本的信念，是关于客观事物的意义、重要性、价值的总的评价和看法。一个人价值观中不同内容具有不同的重要程度，具有层次性，形成一个人的价值系统。

3.2.2 个性心理因素

（1）情绪对人的行为的影响

情绪为每个人所固有，是受客观事物影响的一种外在表现，这种表现是体验又是反应，是冲动又是行为。从安全行为的角度看：情绪处于兴奋状态时，人的思维与动作较快；处于抑制状态时，思维与动作显得迟缓；处于强化阶段时，往往有反常的举动，这种情绪可能发现思维与行动不协调、动作之间不连贯，这是安全行为的忌讳。当不良情绪出现时，可临时改换工作岗位或停止工作，不能因情绪导致不安全行为在生产过程中发生。

（2）气质对人的行为的影响

气质是人的个性的重要组成部分，它是一个人所具有的典型的、稳定的心理特征。气质使个人的安全行为表现出独特的个人色彩。例如，同样是积极工作，有的人表现为遵章守纪，动作及行为可靠安全，有的人则表现为蛮干、急躁，安全行为较差。一个人的气质是先天的，后天的环境及教育对其改变是微小和缓慢的。因此，分析职工的气质类型，合理安排和支配职工，对保证工作时的行为安全有积极作用。人的气质分为四种。①多血质：活泼、好动、敏捷、乐观，情绪变化快而不持久，善于交际，待人热情，易于适应变化的环境，工作和学习精力充沛，安全意识较强，但有时不稳定。②胆汁质：易于激动，精力充沛，反应速度快，但不灵活，暴躁而有力，情感难以抑制，安全意识较前者差。③黏液质：安静沉着，情绪反应慢而持久，不易发脾气，不易流露感情，动作迟缓而不灵活，在工作中能坚持不懈、有条不紊；但有惰性，环境变化的适应性差。④抑郁质：敏感多疑，易动感情，情感体验丰富，行动迟缓、忸怩、腼腆，在困难面前优柔寡断，工作中能表现出胜任工作的坚持精神；但胆小怕事，动作反应性强。在客观上，多数人属于各种类型之间的混合型。人的气质对人的安全行为有很大的影响，使每个人都有不同的特点以及各自安全工作的适宜性。因此，在工种安排、班组建设、使用安全干部和技术人员，以及组织和管理工人队伍时，要根据实际需要和个人特点来进行合理调配。

（3）性格对人的行为的影响

性格是每个人所具有的、最主要的、最显著的心理特征，是对某一事物稳定和习惯的方式。如有的人胸怀坦荡，有的人诡计多端；有的人克己奉公，有的人自私自利等。性格表现在人的活动目的上，也表现在达到目的行为方式上。性格较稳定，不能用一时的、偶然的冲动作为衡量人的性格特征的根据。但人的性格不是天生的，是在长期发展过程中所形成的稳定的方式。人的性格表现得多种多样，有理智型、意志型、情绪型。理智型用理智来衡量一切，并支配行动；情绪型的情绪体验深刻、安全行为受情绪影响大；意志型有明确目标、行动主动、安全责任心强。

3.2.3　外部环境因素

（1）社会舆论对人的行为的影响。

社会舆论又称公众意见，它是社会上大多数人对共同关心的事情，用富于情感色彩的语言所表达的态度、意见的集合。要社会或企业人人都重视安全，需要有良好的安全舆论环境。一个企业、部门、行业或国家，要把安全工作搞好，需要利用舆论手段。

（2）风俗与时尚对个人行为的影响。

风俗是指一定地区内社会多数成员比较一致的行为趋向。风俗与时尚对安全行为的影响既有有利的方面，也会有不利的方面，通过安全文化的建设可以实现扬其长、避其短。

（3）环境状况对人的行为的影响

人的安全行为除了内因的作用和影响外，还受外因的影响。环境、物的状况对劳动生产过程的人也有很大的影响。环境变化会刺激人的心理，影响人的情绪，甚至打乱人的正常行动。物的运行失常及布置不当，会影响人的识别与操作，造成混乱和差错，打乱人的正常活动，即会出现这样的模式：环境差→人的心理受不良刺激→扰乱人的行动→产生不安全行为物设置不当→影响人的操作→扰乱人的行动→产生不安全行为。反之，环境好，能调节人的心理，激发人的有利情绪，有助于人的行为。物设置恰当、运行正常，有助于人的控制和操作。环境差（如噪声大、尾气浓度高、气温高、湿度大、光亮不足等）造成人的不舒适、疲劳、注意力分散，人的正常能力受到影响，从而造成行为失误和差错。由于物的缺陷，影响人机信息交流，操作协调性差，从而引起人的不愉快、有刺激、烦躁的感觉，产生急躁等不良情绪，引起误动作，导致不安全行为。要保障人的安全行为，必须创造很好的环境，保证物的状况良好和合理，使人、物、环境更加协调，从而保证人的安全行为。

3.3 人为事故的产生原理

3.3.1 事故模式原理

（1）海因里希事故因果连锁理论

把工业伤害事故的发生发展过程描述为具有一定因果关系事件的连锁，即：人员伤亡的发生是事故的结果，事故的发生原因是人的不安全行为或物的不安全状态，人的不安全行为或物的不安全状态是由于人的缺点造成的，人的缺点是由于不良环境诱发或者是由先天的遗传因素造成的。

海因里希在1931年第一次提出了事故因果连锁理论，阐述导致伤亡事故各种原因因素间及与伤害间的关系，认为伤亡事故的发生不是一个孤立的事件，尽管伤害在某瞬间突然发生，却是一系列原因事件相继发生的结果。

1）伤害事故连锁构成

① 人员伤亡的发生是事故的结果。

② 事故的发生原因是人的不安全行为或物的不安全状态。

③ 人的不安全行为或物的不安全状态是由于人的缺点造成的。

④人的缺点是由于不良环境诱发或者是由先天的遗传因素造成的。

海因里希用多米诺骨牌来形象地描述这种事故的因果连锁关系。如图3-1所示，在多米诺骨牌系列中，一枚骨牌被碰倒了，则将发生连锁反应，其余几枚骨牌相继被碰倒。如果移去中间的一枚骨牌，则连锁被破坏，事故过程被中止。

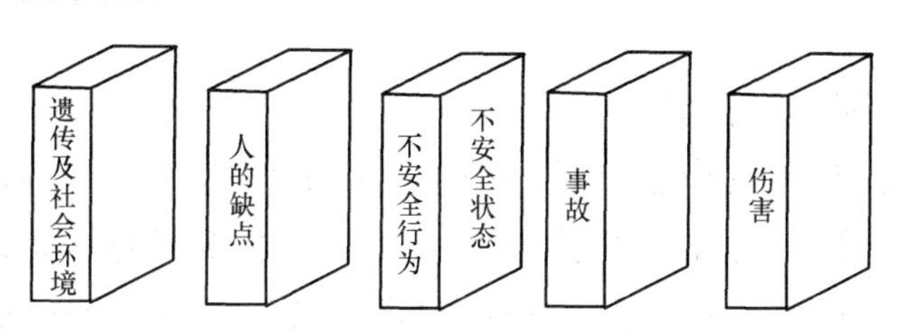

图 3-1　海因里希事故因果连锁理论

该理论的核心就是，认为企业安全工作的中心就是防止人的不安全行为，消除机械的或物的不安全状态，中断事故连锁的进程，从而避免事故的发生。但是，海因里希事故因果连锁理论也和事故频发倾向理论一样，把大多数工业事故的责任都归因于人的不安全行为，表现出时代的局限性。

（2）现代因果连锁理论

博德（FrankBird）在海因里希事故因果连锁理论的基础上，提出了现代事故因果连锁理论，其事故连锁过程影响因素为：管理失误→个人因素及工作条件→不安全行为不安全状态→事故→伤亡。

博德的因果连锁理论主要论点：

1）控制不足——管理

事故因果连锁中一个最重要的因素是安全管理。安全管理人员应该充分认识到，他们的工作要以得到广泛承认的企业管理原则为基础，即安全管理者应该懂得管理的基本理论和原则。控制是管理机能中的一种机能。安全管理中的控制是指损失控制，包括对人的不安全行为和物的不安全状态的控制，这是安全管理工作的核心。

大多数企业中，由于各种原因，完全依靠工程技术上的改进来预防事故既不经济，也不现实。只有通过提高安全管理工作水平，经过长时间的努力才能防止事故的发生。管理着必须认识到只要生产没有实现高度安全化，就有发生事故及伤害的可能性，因而他们的安全活动中必须包含有针对事故因果连锁中所有要因的控制对策。

2）基本原因——起源论

为了从根本上预防事故，必须查明事故的基本原因，并针对查明的基本原因采取对策。

基本原因包括个人原因及与工作有关的原因。只有找出这些基本原因，才能有效地预防事故的发生。所谓起源论是在于找出问题的基本的、背后的原因，而不仅停留在表面的现象上。只有这样，才能实现有效的控制。

3）直接原因——征兆

不安全行为和不安全状态是事故的直接原因，这一直是最重要的、必须加以追究的原因。但是，直接原因不过是基本原因的征兆，是一种表面现象。在实际工作中，如果只抓住作为表明现象的直接原因而不追究其背后隐藏的深层原因，就永远不能从根本上杜绝事故的发生。另一方面，安全管理人员应该能够预测及发现这些作为管理缺欠的征兆的直接原因，采取恰当的改善措施；同时，为了在经济上及实际可能的情况下采取长期的控制对策，必须努力找出其基本原因。

4）事故——接触

从实用的目的出发，往往把事故定义最终导致人员肉体损伤、死亡、财产损失的不希望的事件。但是，越来越多的学者从能量的观点把事故看作是人的身体或构筑物、设备与超过其阈值的能量的接触或人体与妨碍正常生活活动的物质的接触。于是，防止事故就是防止接触。为了防止接触，可以通过改进装置、材料及设施，防止能量释放，通过训练、提高工人识别危险的能力，佩戴个人保护用品等来实现。

5）受伤、损坏——损失

博德模型中的伤害包括了工伤、职业病以及对人员精神方面、神经方面或全身性的不良影响。人员伤害及财物损坏统称为损失。

（3）轨迹交叉理论

随着生产技术的提高以及事故致因理论的发展完善，人们对人和物两种因素在事故致因中地位的认识发生了很大变化。一方面是由于生产技术进步的同时，生产装置、生产条件不安全的问题越来越引起人们的重视；另一方面是人们对人的因素研究的深入，能够正确地区分人的不安全行为和物的不安全状态。

约翰逊认为，判断到底是不安全行为还是不安全状态，受研究者主观因素的影响，取决于他认识问题的深刻程度。许多人由于缺乏有关失误方面的知识，把由于人失误造成的不安全状态看作是不安全行为。一起伤亡事故的发生，除了人的不安全行为之外，一定存在着某种不安全状态，并且不安全状态对事故发生作用更大些。

斯奇巴提出，生产操作人员与机械设备两种因素都对事故的发生有影响，并且机械设备的危险状态对事故的发生作用更大些，只有当两种因素同时出现，才能发生事故。

上述理论被称为轨迹交叉理论，该理论主要观点是，在事故发展进程中，人的因素运动轨迹与物的因素运动轨迹的交点就是事故发生的时间和空间，即人的不安全行为和物的不安全状态发生于同一时间、同一空间或者说人的不安全行为与物的不安全状态相通，则将在此时间、此空间发生事故。

轨迹交叉理论作为一种事故致因理论，强调人的因素和物的因素在事故致因中占有同样重要的地位。按照该理论，可以通过避免人与物两种因素运动轨迹交叉，即避免人的不安全行为和物的不安全状态同时、同地出现，来预防事故的发生。

轨迹交叉理论将事故的发生发展过程描述为：基本原因→间接原因→直接原因→事故→伤害。从事故发展运动的角度，这样的过程被形容为事故致因因素导致事故的运动轨迹，具体包括人的因素运动轨迹和物的因素运动轨迹。

1）人的因素运动轨迹

人的不安全行为基于生理、心理、环境、行为几个方面而产生：

① 生理、先天身心缺陷；

② 社会环境、企业管理上的缺陷；

③ 后天的心理缺陷；

④ 视、听、嗅、味、触等感官能量分配上的差异；

⑤ 行为失误。

2）物的因素运动轨迹

在物的因素运动轨迹中，在生产过程各阶段都可能产生不安全状态：

① 设计上的缺陷，如用材不当、强度计算错误、结构完整性差、采矿方法不适应矿床围岩性质等；

② 制造、工艺流程上的缺陷；

③ 维修保养上的缺陷，降低了可靠性；

④ 使用上的缺陷；

⑤ 作业场所环境上的缺陷。

在生产过程中，人的因素运动轨迹按其①→②→③→④→⑤的方向顺序进行，物的因素运动轨迹按其①→②→③→④→⑤的方向进行。人、物两轨迹相交的时间与地点，就是发生伤亡事故“时空”，也就导致了事故的发生。

值得注意的是，许多情况下人与物又互为因果。例如，有时物的不安全状态诱发了人的不安全行为，而人的不安全行为又促进了物的不安全状态的发展或导致新的不安全状态出现。因而，实际的事故并非简单地按照上述的人、物两条轨迹进行，而是呈现非常复杂的因果关系。

若设法排除机械设备或处理危险物质过程中的隐患或者消除人为失误和不安全行为，使两事件链连锁中断，则两系列运动轨迹不能相交，危险就不能出现，就可避免事故发生。

对人的因素而言，强调工种考核，加强安全教育和技术培训，进行科学的安全管理，从生理、心理和操作管理上控制人的不安全行为的产生，就等于砍断了事故产生的人的因素轨迹。但是，对自由度很大且身心性格气质差异较大的人是难以控制的，偶然失误很难避免。

在多数情况下，由于企业管理不善，使工人缺乏教育和训练或者机械设备缺乏维护检修以及安全装置不完备，导致了人的不安全行为或物的不安全状态。

轨迹交叉理论突出强调的是砍断物的事件链，提倡采用可靠性高、结构完整性强的系统和设备，大力推广保险系统、防护系统和信号系统及高度自动化和遥控装置。这样，即使人为失误，构成人的因素①→⑤系列，也会因安全闭锁等可靠性高的安全系统的作用，控制住物的因素①→⑤系列的发展，可完全避免伤亡事故的发生。

一些领导和管理人员总是错误地把一切伤亡事故归咎于操作人员“违章作业”。实际上，人的不安全行为也是由于教育培训不足等管理欠缺造成的。管理的重点应放在控制物的不安全状态上，即消除“起因物”，当然就不会出现“施害物”“砍断”物的因素运动轨迹，使人与物的轨迹不相交叉，事故即可避免。实践证明，消除生产作业中物的不安全状态，可以大幅度地减少伤亡事故的发生。

3.3.2 人的不安全行为

不安全行为包括两个含义，一是指易于肇发事故的行为，二是指在事故过程中扩大事故损失的行为。从发展的角度看，安全行为是人们在大量生产实践中，从事故发生和损失扩大的教训中不断总结出来的行为规律，并用这种认识制定安全操作规程和劳动安全纪律，随着人们对生产技术的不断提高，对事故规律的不断研究，将不断完善这种认识，并不断完善安全操作规程和劳动安全纪律。显然安全行为是个相对概念，是指肇发事故概率很低和使事故损失很低的行为特征，反之则为不安全行为。

对不安全行为从其产生的根源可以分为：有意识不安全行为和无意识不安全行为两大类。

有意识不安全行为指有目的、有意识、明知故犯的不安全行为，其特点是不按客观规律办事，不尊重科学，不重视安全。如酒后上岗、酒后驾车等。这些不安全行为尽管表现形式不同，却有一个共同特点，即“冒险”。进一步思考可见，之所以冒险，是为了实现某种不适当的需要，抱着这些心理的人为了获得利益而甘冒受到伤害的风险。由于对危险的可能性估计不足，心存侥幸，在避免风险和获得利益之间作出了错误的选择。

无意识不安全行为是指，行为者在行为时不知道行为的危险性；或者没有掌握该项作业的安全技术，不能正确地进行安全操作；或者行为者由于外界的干扰而采用错误的违章违纪作业；或者由于行为者出现生理及心理的偶然波动破坏了其正常行为的能力而出现危险性操作等。显然无意识不安全行为属于人的失误，按产生失误的根源可以将其分为两种：一种是随机失误，另一种是系统失误。

随机失误是指行为者具有安全行为能力，也知道不安全行为的危害，但是由于外界的干扰（如违章指挥等），或行为者自身出现的生理、心理状况恶化（例如：疾病、疲劳、情绪波动等），发生的不安全行为，在出现生理及心理状况恶化状态下作业，多数是行为者个人没有能力控制自己，又没有恰当地安排好自己的工作，这显然是行为者个人的责任。

系统失误有两种：第一种是人机界面设计不当，不能与人的生理、心理条件匹配，属于人和工程设计问题；第二种是行为者不具备从事该项作业的安全行为能力，或者不知道该项作业的安全操作规程，或者只知道些安全作业条文，而不具备安全操作技术，因此在作业中，凭借自己想象的方法蛮干，也就是说作业者本身就具有必然失误的条件。

《企业职工伤亡事故分类》GB 6441—1986 又将人的不安全行为归为13大类。

（1）操作失误、忽视安全、忽视警告。

1）未经许可开动、关停、移动机器。

2）开动、关停机器时未给信号。

3）开关未锁紧，造成意外转动、通电或泄漏等。

4）忘记关闭设备。

5）忽视警告标志、警告信号。
6）操作错误（指按钮、阀门、扳手、把柄等的操作）。
7）奔跑作业。
8）材料或送料过快。
9）机器超速运转。
10）违章驾驶机动车。
11）酒后作业。
12）客货混载。
13）冲压机作业时，手伸进冲压模。
14）工作件固定不牢。
15）用压缩空气吹铁屑。
16）其他。
（2）造成安全装置失效。
1）拆除了安全装置。
2）安全装置堵塞，失去作用。
3）调整的错误造成安全装置失效。
4）其他。
（3）使用不安全设备。
1）临时使用不牢固的设施。
2）使用无安全装置的设备。
3）其他。
（4）用手代替工具操作。
1）用手代替手动工具。
2）用手清除切屑。
3）不用夹具固定，用手拿工件进行机加工。
（5）物体存放不当。
指成品、半成品、材料、工具、切屑和生产性用品等存放不当。
（6）冒险进入危险场所。
1）冒险进入涵洞。
2）接近漏料处（无安全设施）。
3）采伐、集材、运材、装车时，未离危险区。
4）未经安全监察人员允许进入油罐或井中。
5）未“敲帮问顶”开始作业。

6）冒进信号。

7）调车场超速上下车。

8）易燃易爆场合出现明火。

9）私自搭乘矿车。

10）在绞车道行走。

11）未及时瞭望。

（7）攀、坐不安全位置（坐平台护栏、汽车挡板、吊车吊钩）。

（8）在起吊物下作业，停留。

如在吊物下作业、在起吊物下停留。

（9）机器运转时加油、修理、检查、调整、焊接、清扫等作业。

（10）有分散注意力行为。

（11）在必须使用个人防护用品、用具的作业或场合中，忽视其使用。

1）未戴护目镜或面罩。

2）未戴防护手套。

3）未穿安全鞋。

4）未戴安全帽。

5）未佩戴呼吸护具。

6）未佩戴安全带。

7）未戴工作帽。

8）其他。

（12）不安全装束。

1）在有旋转零部件设备旁作业穿肥大服装。

2）操纵有旋转零部件设备时戴手套。

3）其他。

（13）对易燃、易爆危险品处理错误。

不安全行为的产生原因较为复杂，综合对不安全行为分析，有诸多因素导致不安全行为的发生，其中有个体内在因素，也有外在客观因素。根据员工日常作业中的行为表现，对不安全行为原因分析如下：

1）机器防护缺陷

设计不良的机器是隐藏事故的危险机器。在机器的设计和制造过程中，并未充分考虑安全设备的重要性。例如，设计不符合人类生理和心理特征以及操作习惯的显示器和控制器，不正确安装的显示器和控制器，以及未设计针对机器危险的安全防护装置制造缺陷会导致人类不安全的行为。

2）环境因素

人在高温环境下作业容易引起烦躁、焦虑的心情，自制力下降；噪声强度大时，反应迟缓，注意力很难集中，操作起来很容易发生错误；环境照明不足时，易于疲劳，会引起心理状态的变化，使思考力和判断力迟缓，错误的操作增多。另外，粉尘、烟雾、辐射、潮湿等恶劣环境，对作业也有很大影响，容易让作业人员产生不安全行为。在一些企业里，由于片面追求经济效益，而忽视从业人员的劳动保护和作业环境的改善，从业人员在恶劣的环境下作业，自然会发生不安全行为。

3）自身因素

① 责任意识不强

当今时代，是一个“以人为本”，崇尚科学文明的时代。在现代企业里，从业人员应具备起码的职业道德水准和工作责任心。但是，极少数从业人员由于受多种原因的影响，职业道德水准低，责任心不强，作业过程中不负责任，工作不认真，不按时巡回检验，脱岗、串岗、睡岗、上班干私活，严重违反规章制度，产生有分散注意力的不安全行为，与安全文明生产要求相差甚远，极易发生不安全行为，导致事故发生。

② 安全意识淡薄

从业人员必须具备基本的能胜任自己本职工作的业务素质和安全知识技能，才能正确操作，不违章作业，不发生不安全行为。但是，极少数从业人员由于文化素质低，不钻研业务，不学习安全知识的操作技能，没有掌握本岗位的安全知识和安全操作技能，安全意识淡薄，当然在作业过程中也不知道什么该做，什么不该做，应该怎样做，自然不安全行为发生就不可避免。

③ 作业过程心理状态异常

人的行为过程是由人的心理状态支配的，人在作业过程的异常心理状态主要有以下几种情况：习以为常，思想麻痹；骄傲自大，不求上进；精神亢奋，注意力不集中；心存侥幸，违章作业；心情紧张，判断失误；心境不佳，身体疲劳等。如果操作者心理状态异常，在作业过程很容易发生不安全行为，导致事故发生。

④ 疲劳

疲劳通常是指工人的身体和心理变化导致一段时间的连续工作后其工作能力下降的情况。疲劳通常可分为两类：生理疲劳和心理疲劳。生理疲劳主要表现为肌肉疲劳。这是由于强度过高或体力劳动时间延长所致。通常，它表现为工作区域的肌肉疼痛，运动速度降低，协调性降低，锻炼灵活性和准确性降低，工作效率降低，人为失误增加以及发生事故的风险增加。心理疲劳主要发生在过度暴力或单调的脑力劳动与脑力和体力劳动之间。这些主要表现为思维缓慢，分心，混乱的杂乱，效率降低，人为错误增加以及发生事故的风险增加。长期无法完全缓解疲劳，出现疲劳的累积效应，导致过度疲劳，导致心理和生理功能发生一系列变化，导致各种错误和事故增加。许多事故表明疲劳是导致事故的重要因素。有多种防止疲劳的措施，例如工作内容、工作强度、工作性质、工作方法、工作时间、工作环境条件、改进的管理系统和管理方法以及改进的人机界面设计。但是，在大多数情况下，最经济有效和方便的方法是科学地安排家庭作业和休息。这样可以大大减少因身心疲劳引起的危险行为。

3.3.3　管理监督失误

企业的管理决策失误以及监察不利，同样是导致人为事故的原因之一。监督管理的失误具体可以分为以下几个方面。

（1）安全教育培训不力

安全教育培训是企业安全生产重要的基础性工作，是企业提高职工安全素养和安全技能、强化安全防范意识的必要手段，也是做好安全生产工作的治本之举。但是从安全生产工作实践来看，很多企业尚未认识到安全教育培训的重要意义，对安全教育培训认识不到位、投入不足，安全教育培训质量不高，直接导致了企业生产经营过程中违章指挥、违章操作、违反安全生产纪律等不安全行为屡禁不止，安全生产事故时有发生。

目前，我国企业安全教育培训存在的主要问题有：

1）对安全生产培训的重要性认识不够

在思想认识上尚存在着重管理、重装备而轻视培训的倾向，企业更多地把培训看作义务，而不把它当作一种投资，有消极投入的思想。

2）安全生产培训内容缺乏针对性，安全培训方法单一

这不仅与我国安全培训机构的实力有关，更重要的是与企业在培训前没有做好培训规划设计和需求分析有关，当前我国企业安全培训大都带有一定程度的盲目性。

3）企业安全培训考核评估不善

培训考核走过场，没有对培训结果进行跟踪观察评估，因此，有培

训，但培训效果不理想，没有形成 PDCA 的持续改进。

4）企业安全培训投入严重不足

由于企业对安全投资本身认识不深，因此分配到安全培训的资金就十分有限。

（2）安全管理松弛

安全管理是一项长期的、艰巨的工作，安全不仅涉及企业的生存与发展，而且关系到公司的稳定大局、员工生命财产的安全，它是一个动态的管理过程，是一个反复抓、抓反复的持续改进的循环过程，只有抓好安全生产全过程的动态管理，从重事后的分析处理向重事前预防的过程控制转变，才能从根本上促进安全管理工作，使公司的安全水平不断得到提高，形成安全和谐的生产新局面。

一些企业领导由于在思想认识上有差距，重生产、轻安全，没有真正把安全生产摆在第一位置，规章制度只是“写在纸上，挂在墙上”，“说起来重要，干起来次要，忙起来不要”。管理严不起来，安全工作没有真正落实到基层，落实到人，对不安全行为熟视无睹，监督检查流于形式。对事故责任的追究查处不严，不彻底，大事化小，小事化了，在这样的环境和氛围下，就给不安全行为的发生开了绿灯和创造了条件。

3.4 人为事故的防控

“安全第一，预防为主，综合治理”，是我国党和国家的安全生产方针。其中，“预防为主”，应是安全工作的重中之重。预防与控制是成本最低、最简便的方法。为此，建立一套规范、全面的危机管理预警系统是必要的。现实中，事故的发生具有多种前兆，几乎所有的人为事故都是可以通过预防来化解的。

3.4.1 企业加强安全培训

安全教育培训的目的是防止和减少各种安全事故的发生，实现安全生产。2001 年，国务院制定了《特大安全事故行政责任追究的规定》和新版《中华人民共和国刑法》《中华人民共和国安全生产法》《中华人民共和国劳动法》《中华人民共和国建筑法》《中华人民共和国消防法》等。《中华人民共和国安全生产法》规定，雇员有权接受安全教育和培训。因此，必须将安全宣传和教育提高到法律高度，管理人员和受控人员必须意识到：违章指挥、违章作业、违反劳动纪律就是违法行为。

在教育培训方面，首先要结合现实，考核操作人员素质，并根据教育水平和知识获取水平，进行有针对性的教育。通常，施工单位应针对以下类型的人员进行安全培训：第一种是新来的员工。他们面临着陌生的环境，安全意识，知识和技能。两者都不足够，并且经常容易发生事故。这些人员必须经过严格的培训。第二类是对特种作业人员的安全教育。特种作业人员是指在生产过程中直接从事对操作者本人或他人及其周围设施环境的安全有重大危害因素的作业人员，例如电工、焊工、起重机和货架工人。在生产过程中，担负着巨大的风险。万一发生事故，生命财产损失会比较惨重。因此，坚持对特种作业人员特殊的安全技术知识教育和安全作业技术培训，并经过严格的考核合格后取得有关部门颁发的特种作业安全操作许可证，方可上岗作业，才能分配到班组，参加特种作业生产。第三类是调动和复岗人员。在转岗和复岗工作之后，操作员通常不了解当前职位的基本安全知识，不了解生产现场的安全环境，需采取必要的安全措施来应对周围的潜在安全隐患。因此，必须提供有关转岗和复岗人员的安全教育和培训，以确保安全操作。通过有针对性的安全教育和培训，员工可以识别工作区域中的危险源，充分认识工作区域中的危险状态，确保“四不伤害”，即：“不伤害自己、不伤害他人、不被他人伤害、保护他人不受伤害。”

安全培训根据内容的不同，可分为：

(1) 安全生产思想培训

主要包括安全生产方针政策培训、法制培训、典型经验及事故案例培训。通过学习方针、政策，提高生产经营单位各级领导和全体职工对安全生产重要意义的认识，使其在日常工作中坚定地树立“安全第一”的思想，正确处理好安全与生产的关系，确保安全生产。

通过安全生产法制培训，使各级领导和全体职工了解和懂得国家有关安全生产的法律、法规和生产经营单位各项安全生产规章制度。使生产经营单位各级领导能够依法组织经营管理，贯彻执行“安全第一，预防为主”的方针；使全体职工依法进行安全生产，依法保护自身安全与健康权益。

通过典型经验和事故案例培训，可以使人们了解安全生产对企业发展、个人和家庭幸福的促进作用；发生事故对企业、对个人、对家庭带来的巨大损失和不幸。从而坚定安全生产的信念。

（2）安全生产知识培训

主要包括一般生产技术知识培训、一般安全技术知识培训和专业安全技术知识培训。就是说，通过培训，提高生产技能，防止误操作；掌握一般职工必须具备的、最起码的安全技术知识，以适应对工厂危险因素的识别、预防和处理；而对于特殊工种的工人，则要进一步掌握专门的安全技术知识，防止受特殊危险因素的危害。

（3）安全管理理论和方法的培训

通过培训提高各级管理人员的安全管理水平。总结以往安全管理的经验，推广现代安全管理方法的应用。

3.4.2 加强安全监督管理

安全监管是为了维护人民的生命财产安全，运用行政力量，对安全进行监督与管制的一种特殊活动。安全管理的内容是对生产的人、物、环境因素状态的管理，有效地控制人的不安全行为和物的不安全状态，消除或避免事故。达到保护劳动者的安全与健康的目的。

搞好安全监管，有助于改进企业管理，全面推进企业各方面工作的进步，促进经济效益的提高。安全管理是企业管理的重要组成部分，与企业的其他管理密切联系、互相影响、互相促进。为了防止伤亡事故和职业危害，必须从人、物、环境以及它们的合理匹配这几方面采取对策。包括人员素质的提高，作业环境的整治和改善，设备与设施的检查、维修、改造和更新，劳动组织的科学化以及作业方法的改善等。为了实施这些方面的对策，势必加强对生产、技术、设备、人事等的管理，进而对企业各方面工作提出越来越高的要求，从而推动企业管理的改善和工作的全面进步。企业管理的改善和工作的全面进步反过来又为改进安全管理创造了条件，促使安全管理水平不断得到提高。

实践表明，一个企业安全生产状况的好坏可以反映出企业的管理水平。企业管理得好，安全工作也必然受到重视，安全管理也比较好；反之，安全管理混乱，事故不断，职工无法安心工作，管理人员也经常要分散精力去处理事故，在这种情况下，就无法建立正常、稳定的工作秩序，企业管理就较差。

安全管理和企业管理的改善，劳动者积极性的发挥，必然会大大促进劳动．生产率的提高，从而带来企业经济效益的增长。反之，如果事故频繁，不但会影响职工的安全与健康，挫伤职工的生产积极性，导致生产效率的降低，还要造成设备财产的损坏，无谓地消耗许多人力、财力、物力，带来经济上的巨大损失。

目前国内常见的安全管理方式大致有三种，即：宣教员方式、协调员方式和监督员方式。宣教员方式主要是通过宣传职业安全的法规和相关要求、教育职工接受安全行为方式，来提高生产运行人员的安全意识；协调员方式主要是通过建立上下级或部门间的沟通渠道、协调相关方的安全利害关系，来降低生产运行人员的职业风险；监督员方式主要是通过安全检查，发现和制止生产中的违规行为。

同时要从以下几方面做好安全监管工作：

（1）加强安全文化建设

安全文化实质上是一种经营文化、竞争文化、组织文化。安全文化对安全生产管理有着十分重要的影响，不同的信仰、价值观，会干扰环境和资源对组织的影响作用。因此，健全组织机构，强化组织管理，树立以人为本的管理理念，依靠人、尊重人，充分发挥职工的聪明才智，调动职工的积极性、主动性和创造性，使职工投身于企业安全生产活动之中，是安全文化建设的精髓所在。通过加强安全文化建设，健全和完善安全生产组织管理，明确与落实安全生产管理职责，提高安全生产管理的组织效率。

注重和讲求制度“硬管理”和文化“软管理”的有机结合，既是企业文化建设的需要，更是建立长效安全管理机制的需要。一方面是制度“硬管理”。通过健全与完善有关的安全管理制度，从制度上规范安全生产管理，明确与落实安全管理工作职责，实现安全生产制度化与规范化。另一方面是文化“软管理”。但是，管理制度再严密也不可能包罗万象，制度管理的强制性往往使得员工在形式上服从，而不能赢得员工的心，这也是不少安全制度流于形式，难以贯彻落实的主要原因之一。因此，通过文化“软管理”，促使员工认同企业使命、企业精神、价值观，从而理解和执行各级管理者的决策和指令，自觉地按企业的整体战略目标和制度要求来调节和规范自己的行为，从而达到统一思想，统一认识，统一行动，建立安全生产管理长效机制的目的。

安全文化不是现时的消费，而是一种有效的长期投资。它能促使企业实现管理资源优化与整合，达到提高安全生产管理效率和增创经济效益的目的。预防型安全管理作为安全管理最重要和最有效的方法之一，是现代企业安全生产管理的发展需要，只有将预防工作做好，防微杜渐，防患于未然，才能有效地预防各种安全问题的发生，而不是等到安全事故发生，造成损失后，再做事后分析和善后处理。通过加强安全文化建设，确保预防型安全管理持续有效地开展，必须做好以下几方面的工作：一是要始终贯彻“安全第一，预防为主”的指导思想，从战略管理的高度，进行科学的安全管理规划，确立安全目标，制订安全计划，并认真组织实施；二是要对安全问题时刻保持高度的责任感和警惕性，密切注意各种安全动态，采取预先防范的有效措施；三是要加强安全生产管理队伍的建设，提高实施预防型安全管理的组织协调与实务操作的能力；四是进行广泛的宣传教育与培训，使员工明确实施预防型安全管理的重要性和必要性，积极投身于预防型安全生产管理活动之中，确保安全管理目标的顺利实现。

(2) 完善管理体系，加强探索创新

第一，以完善 HSE［健康（Health）、安全（Safety）和环境（Environment)］体系为目标，推进体制和机制创新。完善的 HSE 体系是开展安全生产工作的组织保障。企业各个部门要按照集团公司的要求，重新检查落实 HSE 管理机构的职能、编制和人员配备情况。进一步强化监管工作的权威性。对于工作任务繁重、安全生产指标较高的单位，要依法设立安全管理机构，配备专职或兼职安全管理人员，经营、运输等相关部门也要根据安全工作需要，积极转变管理职能，调整内部机构，设立专职 HSE 监管人员，使安全生产工作真正做到处处有人抓，事事有人管。

第二，综合运用法律、经济和行政手段，实现监管手段的创新。要适应监管环境的新变化，针对不同的监管对象，采取更加行之有效的监管手段。一是严格执行国务院《安全生产许可证条例》。根据辖区实际，制定生产经营领域的产业政策和有关标准，严格市场准入。同时，要严格落实新建、改建、扩建项目的“三同时”审查和安全生产评价、评估制度，从源头上消除不安全因素和事故隐患。二是依法制定出台相应的保障措施。如建立外来施工队伍 HSE 管理标准，征收安全生产风险抵押金等，充分发挥经济政策的导向作用。三是要善于发挥行政手段的作用。通过完善安全控制指标体系、落实安全目标责任制、加强执法和舆论监督、严格责任追究等手段，进一步强化安全生产的监督管理。

第三，实施“科技兴安”战略，推动安全科技创新。进一步研究制定安全生产科技规划，明确安全生产科学技术发展的目标任务，提出保障措施。发挥专家组以及科研和中介机构的作用，整合安全生产科研力量，针对重要工业领域中亟待解决的共性、关键性技术难题，组织开展重大安全管理课题的科研攻关；要做好科技成果转化工作，大力推广普及安全高新技术，引导鼓励企业采用安全性能可靠的新技术、新设备、新工艺和新材料。

(3) 发挥警示职能，提高安全管理水平

安全管理的警示职能是指在人们从事生产劳动和有关活动之前将危及安全的危险因素和发生事故的可能性找出来，告诫有关人员注意并引起操作人员的重视，从而确保其活动处于安全状态的一种管理活动。由墨菲定律揭示的两点启示可以看出，它是安全管理的一项重要职能，对于提高安全管理水平具有重要的现实意义。在安全管理中，警示职能将发挥如下作用：

1) 警示职能是安全管理中预防控制职能得以发挥的先决条件

任何管理，都具有控制职能。由于不安全状态具有突发性的特点，使安全管理不得不在人们活动之前采取一定的控制措施、方法和手段，防止事故发生。这说明安全管理控制职能的实质内核是预防，坚持预防为主是安全管理的一条重要原则。墨菲定律指出：只要客观上存在危险，那么危险迟早会变成为不安全的现实状态。所以，预防和控制的前提是要预知人们活动领域里固有的或潜在的危险，并告诫人们预防什么，如何控制。

2) 发挥警示职能，有利于强化安全意识

安全管理的警示职能具有警示、警告之意，它要求人们不仅要重视发生频率高、危险性大的危险事件，而且要重视小概率事件；在思想上不仅要消除麻痹大意思想，而且要克服侥幸心理，使有关人员的安全意识时刻不能放松，这正是安全管理的一项重要任务。

3) 发挥警示职能，变被动管理为主动管理

传统安全管理是被动的安全管理，是在人们活动中采取安全措施或事故发生后，通过总结教训，进行"亡羊补牢"式的管理。当今，科学技术迅猛发展，市场经济导致个别人员的价值取向、行为方式不断变化，新的危险不断出现，发生事故的诱因增多，而传统安全管理模式已难以适应当前情况。为此，要求人们不仅要重视已有的危险，还要主动地去识别新的危险，变事后管理为事前与事后管理相结合，变被动管理为主动管理，牢牢掌握安全管理的主动权。

4) 发挥警示职能，提高全员参加安全管理的自觉性

安全状态如何，是各级各类人员活动行为的综合反映，个体的不安全行为往往祸及全体，即"100－1＝0"。因此，安全管理不仅仅是领导者的

事，更与全体人员的参与密切相关。根据心理学原理，调动全体人员参加安全管理积极性的途径通常有两条：①激励：即调动积极性的正诱因，如奖励、改善工作环境等正面刺激；②形成压力：即调动积极性的负诱因，如惩罚、警告等负面刺激。对于安全问题，负面刺激比正面刺激更重要，这是因为安全是人类生存的基本需要，如果安全，则被认为是正常的；若不安全，一旦发生事故会更加引起人们的高度重视。因此，不安全比安全更能引起人们的注意。墨菲定律正是从此意义上揭示了在安全问题上要时刻提高警惕，人人都必须关注安全问题的科学道理。这对于提高全员参加安全管理的自觉性，将产生积极的影响。

（4）消除作业过程的异常心态

在企业里，作业过程中心态异常的从业人员终究是少数，管理者或安技人员要了解从业人员的性格和心理特征，有针对性地进行耐心说服教育，使受教育者能够充分理解和领会其可能造成的后果和危害，逐步改正自己的异常心理状态。要注意从业人员的情绪变化，关心他们的喜、怒、哀、乐，及时察觉心理上的不安全因素，在作业过程中加以注意，防范不安全行为。要注意身教的作用，管理者要以身作则，要用安全行为引导从业人员遵章守纪。

（5）积极改善劳动条件

企业劳动条件的改善，有利于生产经营管理，有利于从业人员的职业健康安全，有利于企业形象。要依照《中华人民共和国安全生产法》等法律、法规的要求，保障从业人员的权利。要加大安全投入，加强对尘毒、噪声等各种职业危害因素的治理，改善作业条件，美化作业环境，消除作业环境对人的影响，给从业人员创造一个安全、舒适的工作环境，控制和减少不安全行为的发生。

第 4 章　员工的心理与安全

在安全生产宣传教育工作中，我们面临的对象是具体的人，而每一个人与其他人又有着这样或那样的差异，尤其在性格上。性格，就是个性，是指一个人在社会实践活动中经常表现出来的、比较稳定的、带有一定倾向的个体心理特征，每个人都有区别于他人的独特的精神面貌和心理特征。勇敢、胆怯、认真、粗心、诚实、虚伪、负责、敷衍等就是人的性格的具体体现。它贯穿于人的一生，影响着人的一生，并使每个人的安全行为表现出独特的一面。

人的个性是在各种活动中体现出来的。从事生产是人全部生活活动的一部分，安全生产工作是生产活动的一部分。因此，人的个性心理体现于他的安全活动中，在预防事故、发现事故、处理事故等安全活动的各个环节上，人都会体现出各自活动方式、活动水平、活动倾向、活动动机、活动方向的不同，因而也取得不同的结果。

个性心理特征与安全生产工作有着内在紧密的联系，员工如果通过各种途径培养良好的个性心理特征，将会对安全生产工作带来极大的帮助。对机动车驾驶员来说，事故发生率最低的往往并不是技术最好的驾驶员。对于许多事故，事后有人说这叫作“鬼使神差”，其本质是人的个性心理问题。这是因为交通环境非常紧张，除了要求驾驶员有高超娴熟的驾驶技术外，还要求驾驶员有良好的性格，尤其是良好性格的情绪特征（情绪稳定性，持久性等），后者对司机来说，比其他职业更为重要。

4.1　安全心理学基本内容

4.1.1　安全心理学定义

安全心理学是反映人在劳动生产过程这一特定环境中的安全心理现象及其心理规律的一门学科，即安全心理学是研究人在劳动过程中伴随生产工具、机器设备、工作环境、作业人员之间关系而产生的安全需要、安全意识及其反应行动等心理活动规律的一门新学科。也可以将安全心理学更简单地定义为是以研究如何防止安全生产事故为目的的心理活动规律的学科。

4.1.2 安全心理学研究的目的

人类今天的一切精神文明与物质文明都是人的心理活动及其行为表现的产物。随着科技的发展与进步，人们渴望得到物质满足的同时，更迫切渴望保证“人身安全、不出工伤事故、不患职业病、不出设备事故”。

安全心理学研究的目的，就在于运用普通心理学基本理论及基本原则，摸索安全生产领域人们的心理现象与规律，从战略上正视安全心理现象支配安全行为的重要性，力求在制度上、管理上和战术上采取积极有效的安全对策，增强员工的安全心理品质，筑牢安全心理防线，并养成一定的安全习惯、安全动作、安全信念，预防那些容易使人产生不健康心理反应和失误行为的各种主、客观因素，提升行为安全的可靠性，利用人类自身安全需要本能追求、激励和消化吸收安全心理活动内容认知过程、情感过程、意志过程的完成，为提高人们的安全心理素质和实现人们劳动过程这一安全需要的目的服务。

4.1.3 安全心理学研究的任务

企业现代化管理应遵循“以人为本”的原则，要注重人的因素，强调对人的正确管理，这就必须要求管理者对企业劳动生产过程中人的心理现象及其活动规律，进行必要的分析和深入的研究。只有管好“人心”，才能管好“人的行为”。那么，企业要实现安全生产和确定的管理目标，前提需要有一个能够帮助判别员工个性心理特征，矫正不安全心理问题的理论来指导，安全心理学就是承担这一任务的。

（1）解决与安全有关的心理问题。

安全心理学研究的任务是要着力解决生产活动与安全管理工作中人们的心理问题，并适时、适人、适地谋划管理行为和最佳策略。研究在劳动生产领域中人的心理活动及对环境条件的依存关系；研究在劳动中人的心理特征和行为习惯，包括形式、意识、能力、性格、气质、动机、需求等个体心理特征的实质及其形成的规律；研究员工当前思想状况，及时发现和矫正影响安全的不良思想反应、情绪状态、心理问题，以便设身处地地控制人的不安全行为。

（2）解决社会生产生活中深层次的具体问题。

安全心理学还在事故预防，职业病防治，安全心理教育，劳动卫生与防护技能培训，人文和谐与心理疏导，安全文化建设，创新安全理论，深化安全价值观，重特大突发事件心理救援，事故心理分析，安全监督机制、岗位安全责任制度，安全生产，安全活动，安全科技，安全法制，行政管理，环境保护，社会劳动保障与公共安全，人力资源管理，安全生产应急管理、机械设备的设计、制造、安装、检修、运行、维护、安全性评价，危险点分析，编制突发事件应急预案，遏制各类安全事故等方面都有广泛的内容和具体任务。

4.1.4　安全心理学研究的对象

现代社会里，结合中国国情及安全管理实际情况，针对人们和现实之间涉及安全的心理现象与其他类别心理现象，对人当前反应活动的影响，以及对人行为活动的调节作用，理性认知存在明显连接性、差异性和特殊性。而现实的劳动防护与生理健康（包括心理健康）整体性的安全需要，驱使人们深刻地感知到为了自身的生存，要有效减少人因失误的可能性，对身心健康、安全生产的要求也越来越强烈，故安全心理研究的重要性和迫切性也越来越凸显出来。由于安全心理学知识有特定的应用对象，是用于解决安全管理、生产活动和应急工作中人们心理问题的学问，于是，安全心理学从心理学中分离出来，形成一个完整的理论研究领域，属人机工程中行为科学的一个分支。它的研究对象是与安全管理有关的人的心理现象及其行为体验，概括起来有以下三方面。

（1）安全心理学揭示人的个性心理特征和个性倾向性。如兴趣、爱好、感觉、记忆、意志、情感、意识、需要、动机、气质、性格和能力等。从而深化“以人为本”的内涵，可正确把握人在安全生产中第一要素的作用。

（2）安全心理学研究和揭示事故原因与心理因素之间的关系，分析事故发生前后及过程中，事故责任者及相关操作人员的心理状态和习惯性行为表现。从而有针对性地进行心理矫正工作，抑制各种习惯性违章操作的行为，使各类事故得到有效的控制。

（3）安全心理学研究怎样解决员工的不安全心理问题，并研究采取哪些措施才能做好员工安全思想教育与安全管理工作，调动劳动者安全生产的积极性，促进人的心理和谐、增强企业的凝聚力，使员工自觉地遵守企业的各项规章制度。从而，可以提高现代安全管理水平，做好安全生产工作。

4.2 认识与安全的关系

认知包括感觉、知觉、记忆、思维、想象和语言等。

具体来说，人们获得知识或应用知识的过程开始于感觉与知觉。感觉是对事物个别属性和特性的认识，如感觉到颜色、明暗、声调、香臭、粗细、软硬等。而知觉是对事物的整体及其联系与关系的认识，如看到一面红旗、听到一阵嘈杂的人声、摸到一件轻柔的毛衣等。

人不仅能直接感知个别、具体的事物，认识事物的表面联系和关系，还能运用头脑中已有的知识和经验去间接、概括地认识事物，揭露事物的本质及其内在的联系和规律，形成对事物的概念，进行推理和判断，解决面临的各种各样的问题，这就是思维。

人的认识和人的安全行为有密切的关系，如果员工对安全生产，安全行为有一个良好认识，不安全的现象就会极大地避免。

4.2.1 人的感知与安全

感觉是脑对直接作用于感觉器官的客观事物的个别属性的反应。感觉是最初级的认识过程，是一种最简单的心理现象。当然感觉并不一定在某一时间内只反映一种属性，而是可以反映许多种属性，但在感觉中，各种属性之间既无组织又无界限。例如当菠萝作用于我们的感觉器官时，我们通过视觉可以反映它的颜色；通过味觉可以反映它的酸甜味；通过嗅觉可以反映它的清香气味，同时，通过触觉可以反映它的粗糙的凸起。人类是通过对客观事物的各种感觉认识到事物的各种属性。

感觉产生的基本过程：从外部收集信息，然后进行转换，即把进入的能量转换为神经冲动，这是产生感觉的关键环节，其机构称感受器。之后将感觉传出的神经冲动经过传入神经的传导，将信息传到大脑皮层，并在复杂神经网络的传递过程中，对传入的信息进行有选择的加工。最后，在大脑皮层的感觉中枢区域，被加工为人们所体验到的具有各种不同性质和强度的感觉。

感觉不是万能的。人的感觉能力受着分析器功能的限制，只能对一定限度内的刺激产生感觉。比如，正常人对光线的感觉只限于波长为 380～780nm 的可见光；对声音的感觉只限于频率为 6～20000Hz 的可听音；在夜间只能看到 15km 远的烛光，在安静的环境中只能听到 6.069m 处的手表滴答声。此外，由于各人的分析器功能不尽相同，各人的感受性和感觉阈限也不相同。

感受性是指人对适当刺激的感受能力，引起感觉持续一定时间的刺激量称为感觉阈限，感受性的强弱可用感觉阈限来度量。感受性强弱与感觉阈限成反比。影响劳动者感觉阈限的因素很多。主要有以下几方面。

（1）生理方面

遗传和疾病都影响分析器正常生理功能，从而造成劳动者的感觉阈限变异。例如，患先天性近视的人视觉阈限就较高，患感冒时嗅觉阈限也升高。

（2）心理方面

劳动者的情绪、责任心、兴趣、性格、气质及生活中的重大事件等都会对感觉阈限产生不同程度的影响。一般来说，情绪良好，责任心强，兴趣浓厚，性格内向，谨慎认真，喜事临门等情况下，都可以使人的感觉阈限降低。

（3）工作环境和工作条件

有些工作，时间长，负荷轻，容易使劳动者感觉阈限升高。为长途运输和夜间行车的司机仪表监视工等。由于环境刺激单调，易使感觉产生适应现象而升高感觉阈限。有些责任重，操作复杂，促使劳动者注意力高度集中。感觉阈限下降而长时间地紧张工作也会使劳动者的神经系统和肌肉等生理功能下降，产生疲劳。导致感觉阈限升高。

感觉主要有以下这些特征：

（1）感觉的适应性

感觉具有随环境和条件变化而变化的特点。例如，刚进浴池感到水热，泡一段时间就不再感觉那样热了，这是皮肤感觉的适应。据研究，除痛觉之外各种感觉都有适应问题。刚入暗室，什么也看不见，等一会就看清了，这是暗适应；自暗室突然走出来，光亮刺眼，什么也看不见，等一会又看清了，这是光适应；入芝兰之室，久而不闻其香，入鲍鱼之肆，久而不闻其臭，则是嗅觉适应。

（2）感觉的对比性

感觉对比是某一感受器由于不同的刺激背景而引起感受性程度变化的现象。如同样的白色在黑色背景上比在灰色背景上显得更白。这样的感觉对比现象，在日常生活中是常见的。轻松的音乐可缓解焦虑情绪，有些优雅乐曲可以减轻某些疼痛。左手泡在热水里，右手泡在凉水里，然后同时放进温水里，结果左手感觉凉，右手感觉热，这是同时对比。吃过螃蟹再吃虾，就感觉不到虾的鲜味，这是继时对比。即不同的刺激先后作用于某一感受器而产生的对比现象。

图 4-1 为同时对比。

图 4-1　同时对比：同样的小方块在黑色背景上比在灰色背景上显得更白

（3）感觉的相互作用

由于人的各种感觉器官都是在脑机能统一协调工作的。在一定条件下，各种感觉器官所产生的感觉会相互影响。如在安静的环境中可以提高视觉的感受性；在强大音响干扰下会使视觉感受性降低；绿色的环境中，听觉感受性会提高，在红光的照耀下听觉感受性会降低；食物的颜色可以影响人的味觉；摇动的视觉形象会引起平衡感觉的破坏而产生呕吐现象，等等。

（4）感受性的补偿和发展

人一出生就具备各种感觉器官和初步感觉能力，从而为各种感觉能力的发展奠定了基础。由于实践活动不同，某些感觉能力的发展水平也显示差异。有经验的管钳工人，只要用手一握螺纹钢管，就可判断粗细的细微差别。一般人对黑布只能分出深黑、浅黑等几个等级，而有经验的染布工人则可以把黑布按深浅程度区分为 43 等。残疾人感受性补偿是惊人的，盲人的触觉和听觉格外灵敏。所以说，人的感受性通过实践训练是可以发展的。

感觉只是凭感觉器官对环境中刺激的觉察；而知觉则是对感觉获得讯

息做进一步处理。比如通过感觉，我们知道某个物体的颜色、气味、温度等属性，而知觉让我们对某个事物有一个完整的映像，并做出判断，如杯子、苹果、桌子等。神经生理学研究表明，知觉过程非常复杂，它依赖于许多大脑的感觉皮质和联络皮质的协同活动。如视知觉过程是由刺激引起的兴奋传导到视觉中枢时，产生于视觉皮质及其与附近的听觉皮质、躯体感觉皮质交界处的联合区；额叶皮质也参与视知觉的组织活动。这些部位如果受到损伤，会造成其知觉障碍。知觉不仅受感觉系统生理因素的影响，而且还依赖于个体以往的知识和经验，并受个体的兴趣、需要、动机、情绪等心理特点的影响。

知觉与感觉区别在于：第一，感觉和知觉所反映的具体内容不同。感觉是人脑对客观事物个别属性的反应，通过感觉可获得事物个别属性的知识，知觉是人脑对事物整体的反映，通过它可以了解事物的意义，因而具体内容更加丰富和生动。第二，感觉是介于心理和生理之间的活动，它的产生主要来自感觉器官的生理活动以及客观刺激的物理特性，相同的客观刺激会引起相同的感觉；二直觉则是在感觉到基础上对事物的各种属性加以综合和解释的生理活动过程，直觉的反映要借助人的主观因素的参与。第三，从生理基础来看，感觉是单一分析器活动的结果，而知觉是多种分析器协同活动的结果。

两者的联系在于：第一，感觉是知觉的有机组成部分，是知觉产生的前提和基础。第二，它们都是客观事物直接作用于感觉器官，在头脑中产生的对当前事物的直接反应，离开了当前事物的直接影响，便不可能产生任何感觉或知觉。感觉与知觉统称为感知。

知觉的特征如下：

（1）知觉的相对性

知觉是个体以其已有经验为基础，对感觉所获得资料而做出的主观解释，因此，知觉也常称之为知觉经验。知觉经验是相对的。我们看见一个物体存在，在一般情形下，我们不能以该物体孤立地作为引起知觉的刺激，而必须同时也看到物体周围所存在的其他刺激。这样，物体周围其他刺激的性质与两者之间的关系，势必影响我们对该物体所获得的知觉经验。形象与背景是知觉相对性最明显的例子。形象是指视觉所见的具体刺激物，背景是指与具体刺激物相关联的其他刺激物。在一般情境之下，形象与背景是主副的关系：形象是主题，背景是衬托。另一个例子是知觉对比，是指两种具相对性质的刺激同时出现或相继出现时，由于两者的彼此影响，致使两刺激所引起的知觉上的差异特别明显的现象。如大胖子和小瘦子两人相伴出现，会使人产生胖者益胖瘦者益瘦的知觉。

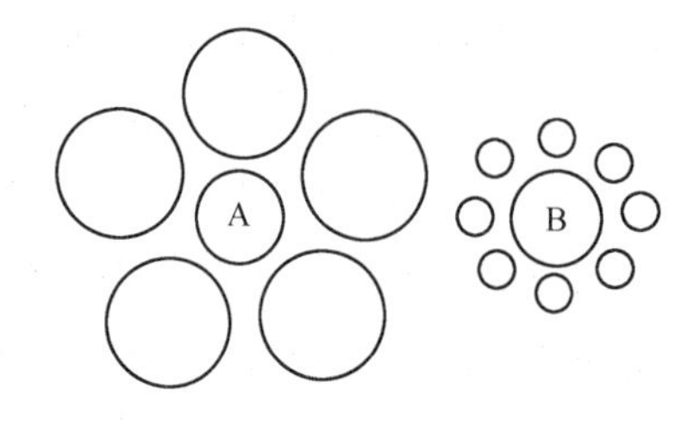

图 4-2　知觉对比

如图 4-2 中，A、B 两圆半径完全相等，但由于周围环境中其他刺激物的不同，因而产生对比作用，致使观察者在心理上形成 A 圆小于 B 圆的知觉经验。

（2）知觉的选择性

客观事物是多种多样的，在特定时间内，人只能感受少量或少数刺激，而对其他事物只作模糊的反应。被选为知觉内容的事物称为对象，其他衬托对象的事物称为背景。某事物一旦被选为知觉对象，就好像立即从背景中突现出来，被认识得更鲜明、更清晰。一般情况下，面积小的比面积大的、被包围的比包围的、垂直或水平的比倾斜的、暖色的比冷色的，以及同周围明晰度差别大的东西都较容易被选为知觉对象。即使是对同一知觉刺激，如观察者采取的角度或选取的焦点不同，亦可产生截然不同的知觉经验。影响知觉选择性的因素有刺激的变化、对比、位置、运动、大小程度、强度、反复等，还受经验、情绪、动机、兴趣、需要等主观影响。由知觉选择现象看，我们可以想象，除了少数具有肯定特征的知觉刺激（如捏在手中的笔）之外，我们几乎不能预测，提供同样的刺激情境能否得到众人同样的知觉反应。

图 4-3 为一立方体，但如果仔细观察时就会发现，这个立方体与你最接近的一面随时都在改变。此种可以引起截然不同知觉经验的图形，称为可逆图形。事实上，图形本身并未改变，只是由于观察者着眼点的不同而产生了不同的知觉经验。

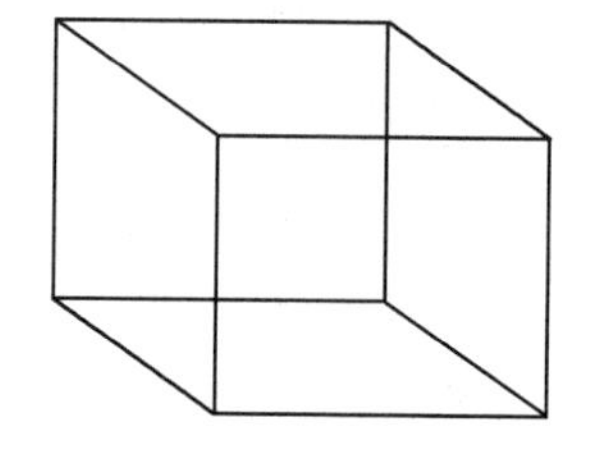
图 4-3　立方体

感知能力就是人的分析器对事物刺激的反应能力或感觉阈限。感知能力强的劳动者，感觉阈限低，对不安全事物反应敏感，有利于防止事故发生；反之，感知能力弱的劳动者，感觉阈限高，对于不安全事物特别是显现条件不好的隐患，不易觉察，不利于防止事故发生。例如在某冶炼厂，有一天晚上，一位转炉工忽然发现地上有一块长约 20cm、宽约 10cm 的铁板，她心里顿生疑窦，这铁板是从哪里冒出来的？当他拾起来看到铁板的一面被磨光发亮，另一面却锈迹斑斑时，便担心是 50t 吊车上掉下来的。强烈的责任心使他立刻跑去询问吊车司机，经过核查，证实果然是吊车上的一块圆销的固定压板掉下来了，圆销已经滑出五分之四，所有在场人员都倒吸一口冷气，好险！这是一个重大的事故隐患，若不被及时发现，一场高温溶液倾斜遇水爆炸的恶性事故在所难免，可见劳动者的感知能力对安全生产是多么重要。

在感知特性方面，感知具有直观性片面性、完整性、恒常性等特性，有些特性在某种条件下，会促使劳动者产生错觉。导致不安全行为。例如，在平坦的公路上时有交通事故发生，原因就是司机凭主观想象路好平安无事（主观片面性），或者在这段路上从未出过事（恒常性），可加大油门开快车（不安全行为）。又如在某火力发电建设工地，有一次，吊车司机在吊装构件时，由于有障碍阻挡视线，他只能时隐时现地看到吊件捆挂工的动作，当他看到捆挂工的扬手动作时，便以为是捆挂就绪向他发起吊信号，马上扳动操纵杆起吊。实际上那一扬手是捆挂动作并非起吊信号，结果未挂稳的构件发生倾斜扭转，将在场的另一位工人挤死在吊件与堆物之间。这种“扬手起吊”的错觉和误操作就是知觉的完整性和恒常在吊车司机心理上起的不良作用。因为平常都是由捆挂工捆挂好吊件后，向吊车司机发出“扬手起吊”信号，形成了吊车司机的知觉完整性和恒常性。

在注意品质方面。注意品质不良的劳动者，常常表现出对眼前的事物或工作思想不集中，心不在焉，粗心大意，顾此失彼，有意无意地违反安全操作规程由此而产生事故不计其数。

感知规律在安全工作中的应用。在安全工作中，要重视应用感知现象的规律，努力改善有关劳动安全事物的显现条件。加强劳动者对安全问题的感知能力和注意品质。提高劳动者预防预测事故的技术水平。

在改善事物的显现条件方面。主要从突出对象物与相邻事物的对比度或反差度，加强对象物的刺激信息的强度、频率和持续时间，排除和减少环境干扰。设置醒目的危险警戒信号设施等方面着手。如在公路运输方面，应根据感知规律，改善路况设置事故多发地段、雷达测速区、危险慢行等安全标志、使司机警钟长鸣，安全行驶。

在提高劳动者安全感知能力方面，应针对感觉阈限过高和产生错觉的主观原因，根据感知的基本特性，采取相应对策。如在生理上有感受缺陷或疾病的人，应予治疗或调换工作；心理上有障碍的人，予适当的矫治；知识、经验、技能不足的人，应给予学习的机会。特别注意加强岗位培训等。经验证明，人的感知能力很大程度上是靠生活实践得到，只要有高度的责任感、事业心和顽强的意志力，劳动者的感知能力是可以通过训练提高的。如，盲人可以练成靠触摸认识盲文；医生能够练就靠切脉和听诊器看病；鉴酒大师可以练成靠口尝鉴定酒的质量；屠夫卖肉能够练就一刀准的硬功夫；鉴宝员可以练成“靠敲帮问顶”识别松石的本领等。

此外，还要制订和执行一些确保感知无误的安全管理制度。如“安全确认制”，对危险度较大的工作对象和作业环境，实行严格的安全检查。确认安全无误后方可允许进入作业。

在提高劳动者的安全注意品质方面，不注意和注意品质不良，往往是产生错觉，造成事故的最重要的心理因素。提高劳动者注意品质的根本对策是加强对劳动者的安全意识教育，树立对劳动安全的高度责任感，防止松懈。其次是要加强劳动者的注意品质的针对性训练，克服注意品质上的弱点，以适应岗位劳动安全的特殊要求。

4.2.2 人的记忆、思维与安全

记忆是过去的经验通过识记、保持、再认和回忆的方式在人脑中的反应。它是人脑的一种机能，是人脑对感知过的事物、思考过的问题或理论、体验过的情绪、做过的动作的反应。

记忆是从认识开始的，并将感知的知识保持下来。根据保持的程度，分为永久性记忆和暂时性记忆。记忆的特征有：持久性、敏捷性、精确性、准确性等。在安全生产中记忆力强弱也是影响事故发生的因素之一。

记忆的保持是把识记过的内容在头脑中储存下来的过程，它是识记在时间上的延续。识记不等于保持。

保持的对立面是遗忘。遗忘的进程可用遗忘曲线表示，见图 4-4，艾宾浩斯记忆遗忘曲线。由图 4-4 可知，遗忘的进程是不均衡的，有先快后慢的特点，以后基本稳定在一个水平上。

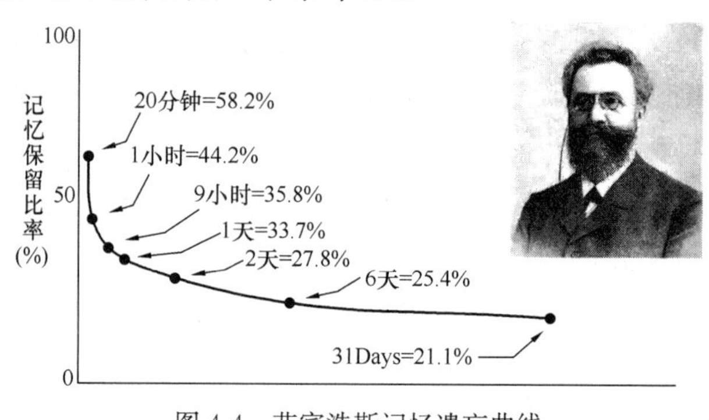

图 4-4　艾宾浩斯记忆遗忘曲线

遗忘的原因有三种学说：

（1）消退说：记忆痕迹得不到强化而渐渐消退，直至消失，成为真正的遗忘。

（2）干扰说：由于记忆痕迹受到了内外因素的干扰，引起相应的神经抑制过程，以致产生遗忘，当抑制过程解除，记忆就会恢复。对识记材料加强理解、及时回忆和复习可以防止遗忘。

（3）压抑说：由弗洛伊德提出，由动机而引起的遗忘。认为一般人常常潜意识地压抑痛苦的回忆，以避免引起焦虑。通过如催眠或自由联想等特殊的方式能恢复。

记忆是人们积累经验的基础。没有它，人类的一切事情都得从头做起，无法积累经验，人类的各种能力也就不能得到提高，一切危险也就无法避免，安全也没有保障。

记忆是思维的前提。只有通过记忆，才能为人脑思维提供可以加工的材料；否则，思维就只能开空车。思维是人类区别于动物的标志，如果没有思维，人类就只能停留下"刺激—反应"的低水平上，不得不承受着更多的危险，并为此付出更多的代价。

简单地讲，思维就是人的大脑进行思考的过程。人的思维是按照一定的方式进行的。依凭借物的不同，思维可分为动作思维（以具体动作为工具解决直观而具体问题的思维）、形象思维（以头脑中具体形象来解决问题的思维）和抽象思维（以语言为工具来进行的思维）。

这三种思维常常是互相联系、互相渗透的，单独运用一种思维来解决问题的极少。从思维的发展过程来看，经历着一个从前到后的过程。

思维品质是衡量思维能力优劣、强弱的标准或依据。一般思维的基本品质主要通过思维的广阔性、批判性、深刻性、灵活性和敏捷性等体现出来。

（1）思维的批判性

又称为思维的独立性，指在思维中能独立地分析、判断、选择和吸收相关知识，并做出符合实际的评价，从而独立地解决问题。

具有较强的思维批判性的人往往有较强的自主性，对别人提出的观点和结论既不盲目地肯定和接受，也不是盲目地予以否定，而是经过深入思考，得出自己独立的见解。相反，缺乏思维独立性的人在生产活动中，极易出事故。

（2）思维的深刻性

思维的深刻性指能深入到事物的本质里去考虑问题，不为表面现象所迷惑。

具有深刻性思维的人，喜欢追根究底，不满足于表面的或现成的答案；缺乏思维深刻性的人最多只能透过现象揭示其浅层次的本质，而具有思维深刻性的人则能揭示其深层次的本质，看出别人所看不出来的问题。

在安全活动中，我们不仅要看出造成事故的直接原因，还要找出造成直接原因的内在原因，才是防止悲剧重演的根本措施和方法。

（3）思维的灵活性

思维的灵活性是指一个人的思维活动能根据客观情况的变化而随机应变，不固守一个方面或角度，不坚持显然是没有希望的思路。

缺乏思维灵活性的人往往表现得比较固执，爱钻牛角尖，思想僵化，遇事拿不出办法。

（4）思维的敏捷性

思维的敏捷性是指能在很短的时间内提出解决问题的正确意见和可行的办法来，体现在处理事务和做决策时能当机立断，不犹豫、不徘徊。它不等于思维的轻率性，轻率性往往失之浮浅而且多错。

思维的敏捷性是思维其他品质发展的结果，是所有优良品质的集中表现，它对于处理那些突发性事故具有特别重要的意义。

（5）思维的创造性

思维的创造性在安全生产中非常重要。如果思维创造性差，凡事处理都是老一套，常在面对新问题是会不知所措。而创造性思维就可以发挥其作用，使问题得到圆满的解决。

案例：戴维斯贝斯电站压力容器上封头腐蚀

2002年3月7日，美国戴维斯贝斯压水堆电站压力容器封头上的控制棒驱动机构3号套管因应力产生裂纹，从裂纹处渗漏出冷却剂，冷却剂中的硼酸不断沉积并腐蚀周围的碳钢金属。最终形成一个长约18cm，宽约15cm的孔穴。孔穴底部只有0.63cm厚的不锈钢堆焊层成了压力边界，且向上鼓起1.5cm，表明在反应堆主系统15.2MPa的压力下，不锈钢材料已经屈服。如果堆焊层破裂，反应堆将发生严重的LOCA事故。

事件之前，戴维斯贝斯电站是个优秀的电站，长期保持着良好的运行业绩，各项指标名列世界前茅。

然而，正是由于过分追求业绩目标，使得电站在达到目标的同时也掉入了目标陷阱。

事件之前，曾出现了许多预兆，但是管理层只关注现有状况，只关注业绩目标，这些预兆未能得到足够的重视。结果是一次又一次地失去了发现和解决问题的机会。

4.3　情绪与安全的关系

4.3.1　情绪与情感

情绪和情感是指人对客观事物与自身需要之间的关系的态度体验，是人脑对客观现实的主观反应，是由某种外在的刺激或内在的身体状况作用所引起的体验，只是反映的内容和方式与认识过程不同。

人在认识和改造世界的过程中，必然接触到自然界或社会中的各种各样的对象或现象，遇到得失、顺逆、荣辱、美丑等各种情境，从而产生高兴与喜悦、气愤和憎恶、悲伤和忧虑、爱慕和钦佩等种种内心体验。

情绪和情感具有两极性，是指每一种情绪和情感都能够找到与之相对立的情绪和情感，它们表现在快感度、紧张度、激动度和强度上相互对立的两极。

情绪和情感在快感度方面的两极是“愉快—不愉快”。这种感受与体验是与主体需要满足的程度相联系。当一个人的情绪和情感从消极向积极方面变化时，就会伴有不愉快和愉快的两种对立的主观体验，例如悲哀和快乐、热爱与憎恨等。

情绪和情感在紧张度方面的两极是“紧张—轻松”。这种感受与体验是想要动作的冲动的强弱。紧张程度由当前事件的急迫性，同时也取决于人的心理准备状态和个体的个性品质。

情绪和情感在激动水平方面的两极是“激动—平静”。这种感受与体验在很大程度上反映了个体的机能状态。情绪激动对人的影响比较复杂，它既能够催人奋进，促使人的行为产生，也会阻止人的行为活动表现，例如，激动的有话说不出，或愤怒而失去理智。

情绪和情感在强度方面的两极是“强—弱”。情绪表现的强弱是划分情绪和情感水平的标志。一般把情绪和情感中的怒划分为由弱到强的微温、愤怒、大怒、暴怒和狂怒；喜欢由弱到强的划分为好感、喜欢、爱慕、热爱和酷爱等。情绪和情感的强度与个体所面临事件对自身意义大小有关，同时也和人的行为目的和动机强度存在着密切关系。

情绪与情感还有增力作用和减力作用。增力作用表现为提高人的活动能力，如愉快的情绪、爱国主义的热情等；能鼓舞人积极地工作和学习，甚至忘我地拼搏。减力作用表现为降低人的活动能力，如忧伤、焦虑等，往往会降低人的工作和学习效率，甚至自暴自弃。

有时情绪与情感在一定的情形中既可能是增力也可能是减力。转化的条件是人能否认识到这种情绪的消极作用，并有意识地加以调节。

4.3.2 情绪与安全的关系

情绪一般包括心境、激情、应激等方面。

心境，就是人们常说的心情。它是人在某段时间内所具有的情感状态。心境有积极和消极之分：积极的心境是一种增力性情绪。它可以使人心情愉快、思维敏捷、充满信心，劳动效率高，对保证安全是一种有利因素。而消极心境是一种减力性情绪，易使人产生懒散、感受能力下降、思维迟钝、注意力不集中；这对安全是一种威胁，是造成事故的隐患。

心境具有的这种情感状态具有一定的顽固性、持续性和蔓延性。它直接影响操作者某段时间内的意识和行为。心境良好时，人的大脑反应迅速、思考判断准确、操作动作敏捷；相反，不良的心境会使人感到精神不振、对人缺乏礼貌、懒于观察思考、大脑反应迟钝，甚至会表现出对生产环境不满而赌气操作，此时的生产事故也较多。某厂一名叉车司机在机加工车间叉运物品过程中，将一名22岁的女工撞倒后，又从其身上轧过，致使这名女工当场死亡，场面惨不忍睹。在其后的事故调查中得知，这位叉车司机当天正与妻子闹矛盾，心情非常不好，早晨刚上班又因工作分配问题与班长吵了一架。由于烦恼，他赌气开车，车速又太快（时速25km左右，车间内限速5km），以致将人撞倒时竟忘了踩刹车，从而造成二次事故。此案例充分说明，操作者的不良心境对安全生产是十分不利的。

引起心境变化的原因一般有：

客观因素：如生活中的重大事件、家庭纠纷、事业的成败、工作的顺利与否、人际关系的干扰等；

生理因素：如健康状态、疲劳、慢性疾病等；

气候因素：晴天和阴天对心情的影响；

环境因素：如工作场所脏、乱，粉尘烟雾弥漫，易使人产生厌烦、忧虑等负性情绪。

激情是一种猛烈暴发性的、短暂的情绪状态。如大喜、暴怒、大悲、绝望、恐怖等。激情来得快去得也快。激情有积极和消极之分。积极的激情能鼓舞人们积极进取，为正义、真理而奋斗，为维护个人或集体荣誉而不懈努力，因而对安全是一种有利因素；但在消极激情下，认识范围小，控制力减弱，理智的分析判断能力下降，不能约束自己，不能正确评价自己行为的意义和后果。负面激情会严重影响人的身心健康，也是安全生产的大敌，导致事故的温床。

例如 1999 年 8 月 12 日下午临下班时，某企业一名 24 岁的分厂生产调度为急于解决车间的照明问题，在登高换灯泡时，误抓吊车电源滑线而触电身亡。这位调度工作热情高、干劲大，是人们公认的一名非常有前途的年轻干部，但令人难以置信的是他的安全意识如此淡薄，竟然忘记了或者根本不知道吊车的电源滑线是有电的，从而犯了一个致命的错误，也给他人敲响了警钟。

应激是当遇到出乎意料的紧张情况时所产生的情绪状态。它是一种复杂的心理状态。每当系统偏离最佳状况而操作者又无法或不能轻易地校正这种偏离时，操作者所呈现的状态。

在现实生活和生产操作过程中，常会遇到一些突发危险情况。在这些突发危险情况面前，有的人会处乱不惊、镇定自若，迅速果断地采取正确的处理方法化险为夷。而有的人则会惊慌失措或呆若木鸡，做不出避险动作，甚至会忙中出错，导致更大的、不应有的损失。2004 年 8 月 18 日上午，某蓄电池厂 58 岁的高级工程师张某进行极板干燥试验。时值夏季，天气炎热，干燥房内更热。当他步出操作房欲凉快一下时，恰巧一辆电瓶叉车叉着一架子电池经过此处。张某顿时被这突如其来的紧急情况惊呆了，司机见状急忙刹车，但由于叉车惯性，几百公斤重的一架极板向前倾倒，将张某砸在下面，造成严重内伤，经抢救无效于次日死亡。

引起应激的原因主要有以下几点：

环境因素：如工作调动、晋升、降级、待业等；

工作因素：恶劣的工作环境、工作环境中的人际关系、工作负荷量过大等；

组织因素：有两个因素对增加工作的应激有特殊的意义，一是组织的性质、习俗、气氛和在组织中组织雇员参与管理和决策的方式；二是以监督方式来自领导者的支持和鼓励个人发展前途等形式反映出来的组织支持。

个性因素：与个性有关的五种应激源是，一是与健康有关的因素；二是完成工作的任务与能力之间的匹配程度；三是与工作环境有关时，喜欢还是讨厌的程度；四是个人的性格；五是人的心理特性的差异等都会影响对应激源的反应程度。

对以上问题总结并且提出以下解决方法：

（1）正确运用激动机制

每一个人都是有自尊心和荣誉感的，要激发和鼓励他们的上进心，必须要有一定的激励机制。如何正确选用激励方式，做到有的放矢，是至关重要的。首先要了解情况，掌握信息，做到心中有数。其次要正确选择激励手段。一般来说，正面表扬或奖励容易调动积极性，而在一定的条件下，惩罚、批评也能起到一定的效果，但应以教育说理为主，在提高思想认识的同时，要为被激励者排忧解难，改善其不良的心理反应，诱导其高尚的动机，引导他们产生积极的行为。再者，奖惩激励要及时。当前，我们正处于社会转型时期，经济的快速发展，各种利益主体的互相转化，对个人、对整体都会产生各种各样的心理反应。因此，激励要及时，不要等问题积累成堆了或产生不良后果后才着手进行。

（2）正确运用自我调节机制

自我调节就是要自我控制，从而做到自觉遵守安全操作规程和劳动纪律，保证安全生产。从心理学的角度来分析，人的精神状态与工作效率成正比。但是精神状态与安全状态不一定是正比的关系。精神状态的高潮期或低潮期属于情绪不稳定时期，最容易发生差错或失误，属事故多发期。精神状态的组中值是精神稳定期，这时能力发挥稳定，工作起来有条不紊，不易发生事故。据此，需要努力提高职工的个人修养，学会自我调节精神状态。人逢喜事精神爽，这时最容易冲动，要告诫自己保持冷静、淡然的心态，吸取乐极生悲的教训。而遇到困难和挫折打击时不要气馁，要有广阔的胸怀，要想得开，宠辱不惊，努力摆脱激情的不利影响。在工作压力大或精神状态欠佳的时候，要合理安排工作，劳逸结合，业余时间多参加文娱等活动，或找知心朋友倾诉，沟通思想，释放压力，自我调节紧张的心理状态。

（3）调整安全心理状态，控制人的不安全行为

一个人对环境因素或外界信息刺激的处理程度，决定了人的行为性质，与人的心理状态有着密切关系。因此，各级领导、安全技术人员，特

别是操作者要学习安全心理学知识，掌握心理活动规律，在事故发生前调节和控制操作者的心理和行为，将事故消灭在萌芽状态。

1）运用人体生物节律原理，预测分析人的智力、体力、情绪变化周期，控制临界期和低潮期，调节心理状态，掌握安全生产的主动权。

2）努力改善生产施工环境，尽可能消除黑暗、潮湿、噪声、有害物质等恶劣环境，使操作者身心愉快地工作。

3）倾听。倾听不仅使领导能集思广益，做出正确判断，更在于能树立起职工的信心，使他们感到自己是企业中的重要一员，增强主人翁责任感和热爱本职岗位的力量。领导经常和职工交流思想，了解掌握思想动态，教育职工热爱本职工作，随时掌握职工心理因素的变化状况，排除不良外界的刺激。

4.3.3　情感与安全的关系

情感是同人的社会性需要相联系的主观体验，是人类所特有的心理现象之一。人类高级的社会性情感主要有道德感、责任感、理智感和美感等。

责任感是一个人所体验的自己对社会或他人所负的责任的情感；责任感的产生及其强弱，取决于对责任的认识；包括两方面的内容，一是对责任本身的认识与认同；二是对责任意义的认识或预期。责任感对安全的影响极大，很多事故的发生与责任心不强有关。如吉林中百商厦特大火灾，事后查明直接和间接原因有三：火灾是由中百商厦雇员于某在仓库吸烟所引发；在此之前，中百商厦未能及时整改火灾隐患，消防安全措施也没有得到落实；火灾发生当天，值班人员擅自离岗，致使顾客未能及时疏散，最终酿成悲剧。

以上三个方面无不涉及员工责任心的问题，因此责任心往往是事故的肇始。

挫折。在心理学上的挫折指的是个体在从事有目的的活动过程中，遇到障碍和干扰，致使个人动机不能实现，个人需要不能满足时的情绪反应。

挫折感的产生有一定的条件，它与个体从事目的性的强度、造成挫折的障碍、个人对挫折的容忍力有关。挫折感对人的情绪、行为等都会发生重要影响。人在遭受挫折后，其情绪、行为会表现出情绪异常、攻击、倒退、固执、妥惨和替代等。

建设性反应和破坏性反应见表 4-1。

建设性反应和破坏性反应　　表 4-1

建设性反应		破坏性反应	
升华	化消极为积极	反向行为	压抑自己，破罐子破摔
增强努力	鼓起勇气，努力实现目标	幻想	逃避现实、胡思乱想
模仿	学习崇拜者的思想、信仰、言行	推诿	推卸责任，诿过于人
补偿	转移目标，以期补偿	退缩	知难而退，意志消沉
重新解释目标	近期、修订、转化	压制	忘记过去，深藏不露
折中妥协	两事相抵、采取折中	回归	灰心丧气，退回原点
合理借口	正视挫折，但寻求合理借口		

防止或减少挫折感的措施如下：

客观上，尽可能改变产生挫折的情境；

主观上，行为者在确定活动目标时应量力而行，切忌好高骛远，期望值要适度；活动前应有周密的计划，对可能出现的困难应有充分的心理准备，加强意志锻炼；失败了，要理智地控制自己的情绪，必要时可采取心理调适的方法，尽快解脱出来。

理智感是一个人在智力活动中由认识和追求真理的需要是否得到满足而引起的情感体验。

一个人理智感较强，体现为求知欲旺盛、热爱真理、服从科学。这对安全生产是一种积极的有利情感。

4.4　个性与安全

心理学上把表现出人与人之间差异的、代表着一个人区别于另一个人的单个人的整个精神面貌，称为个性。个性具有稳定性、整体性、倾向性和独特性等几种基本特性。

人的个性心理结构主要由个性倾向性和个性心理特征两部分组成。个性倾向性主要包括需要、动机、兴趣、理想、信念和世界观等。个性倾向性是人活动的基本动力，是个性结构中最活跃的因素。个性心理特征表明一个人稳定的类型特征，主要包括气质、性格、能力。气质主要表现人的自然性的类型差异；性格是人稳定的心理风格和习惯的行为方式；能力是保证活动顺利进行的潜能系统。

人的个性是在各种活动中体现出来的。从事生产是人全部生活活动的一部分，安全生产工作是生产活动的一部分。因此，人的个性心理体现于他的安全活动中，在预防事故、发现事故、处理事故等安全活动的各个环节上，人都会体现出各自活动方式、活动水平、活动倾向、活动动机、活动方向的不同，因而也取得不同的结果。

4.4.1 性格与安全

性格是人对现实稳定的态度和习惯化的行为方式，贯穿于每一个人的全部活动中，是构成个性的核心。并非人对现实的任何一种态度都代表他的性格，在有些情况下，对待事物的态度是属于一时情境性的、偶然的，那么此时表现出来的态度就不能算是他的性格特征。同样，也不是任何一种行为方式都表明一个人的性格，只有习惯化的，在不同的场合都会表现出来的行为方式，才能表明其性格特征。

人对现实的稳定态度和行为方式，受到道德品质和世界观的影响。因此人的性格有优劣好坏之分。不同性格的人处理问题的方式和效果有所不同，在危险面前，有的人会坚毅果断、临危不乱，有的人则惊慌失措、优柔寡断，有的人丢三落四、粗枝大叶，有的人细心周到，有的人操作准确，有的人常出错误。显然，人的不同性格特点总是和他头脑中的某些想法及行为习惯地联系在一起。

人的性格形成与发展要受到多种因素的影响，包括生理、家庭、社会、自然、教育等方面的因素。一个人从小开始，经受什么样的风雨洗礼，经受什么的磨难历练，经受什么样的环境熏陶，就会形成什么样的性格和品格。那么，究竟哪些因素在一个人的性格形成和发展过程中发挥作用呢？可以从五个方面进行考察：

（1）遗传因素

我们知道，人的高级神经活动类型在性格形成中有一定的作用，影响着性格特征的外部表现的气质就是由神经类型的特性决定的，但遗传对性格的形成有些影响，却不起重要的作用。

（2）自然环境因素

生态环境、气候条件、空间拥挤程度等这些物理因素都会影响到人格的形成与发展。比如气温会提高某些人格特征的出现频率，如热天会使人烦躁不安等。但自然环境对人格不起决定性的作用。在不同物理环境中，人可以表现不同的行为特点。

（3）家庭因素

研究性格的家庭成因，重点在于探讨家庭的差异（包括家庭结构、经济条件、居住环境、家庭氛围等）和不同的教养方式对人格发展和人格差异具有不同的影响。研究发现，权威型教养方式的父母在子女的教育中表现得过于支配，孩子的一切都由父母来控制。在这种环境下成长的孩子容易形成消极、被动、依赖、服从、懦弱，做事缺乏主动性，甚至会形成不诚实的人格特征。放纵型教养方式的父母对孩子过于溺爱，让孩子随心所欲，父母对孩子的教育有时出现失控的状态。在这种家庭环境中成长的孩子多表现为任性、幼稚、自私、野蛮、无礼、独立性差、惟我自尊、蛮横胡闹等。民主型教养方式的父母与孩子在家庭中处于一种平等和谐的氛围当中，父母尊重孩子，给孩子一定的自主权和积极正确地指导。

（4）社会文化因素

每个人都处在特定的社会文化环境中，文化对人格的影响极为重要。社会文化塑造了社会成员的人格特征，使其成员的人格结构朝着相似性的方向发展，这种相似性具有维系社会稳定的功能，又使得每个人能稳固的“嵌入”在整个文化形态里。社会文化对人格具有塑造功能，还表现在不同文化的民族有其固有的民族性格。

（5）教育因素

学校教育对人的性格的形成，特别是人对社会、事业、人的看法和态度的形成，对人的世界观、人生观、道德理想、奋斗目标的确立，具有重要的意义。学校对人的影响不同于家庭和一般社会环境，不是偶然的、零碎的，而是系统、有目的、有计划地进行的，包括学校领导、老师提出的要求、方向，加上必要的奖惩措施，课堂上传授的知识内容，学校环境和班集体的影响，有同学之间的相互交往，还有老师对学生的态度等。学校德育课的主要任务是培养学生良好的道德品质，使学生形成良好的品德，而品德包含在性格之中，是性格的有机组成部分，与性格的其他部分紧密相连。品德不可能离开其他性格成分而单独发挥作用，因而学校也不可能离开良好性格的培养而孤立地培养品德。因此，学校要培养学生良好的品德，就要培养学生良好的性格。

性格分类：

（1）理智—情绪型

按情绪的控制程度可划分为理智型与情绪型。理智型性格是指人的性格中理智特征特别鲜明，这种人善于控制自己的情绪，使自己的行为具有明显的理智导向，自制力强，处事谨慎，但容易畏前缩后，缺少应有的冲劲。如果理智型被不健康的意识控制时，就可能表现为虚伪、自私、见风使舵、冷漠等。而情绪型性格指情绪体验深刻，举止言行易受情绪左右。这种人待人热情，做事大胆，情绪反应敏感，但情绪容易起伏，有时会出现冲动，注意力不够稳定，兴趣易转移。

（2）独立—顺从型

按个体独立程度可划分为独立型与顺从型。独立型的人意志较坚强，不仅善于独立地发现问题、解决问题，而且敢于坚持自己正确的意见，自主、自立、自强。但是独立性过强的人，喜欢把自己的思想和意志强加于人，固执己见、独来独往、不易合群。而顺从型的人服从性好，易与人合作，随和谦恭，但独立性差，依赖性强，易受暗示，在紧急情况下易惊惶失措。

（3）外向—内向型

按个性倾向性分类，可把性格分为外向型和内向型。外向型的人心理活动倾向外部，活泼开朗、善交际，感情易外露，关心外部事物，处事不拘小节，独立性强，能适应环境，但易轻信，自制力和坚持性不足，有时表现出粗心、不谨慎、情感动荡多变等；内向型的人心理活动倾向内部，感情较内蕴、含蓄，处世谨慎，自制力较强，善于忍耐克制，富有想象，情绪体验深刻，但不善于社交，应变能力较弱，反应缓慢，易优柔寡断，显得有些沉郁、孤僻、拘谨、胆怯等。

（4）A—B—C 型

按人的行为方式，即人的言行和情感的表现方式可分为 A 型性格、B 型性格和 C 型性格。A 型性格指性格外向，不可抑制，主动、紧张、快节奏、敏感，主要特征表现为个性强、有过高的抱负、固执、急躁、紧张、好冲动、行为匆忙、好胜心强、时间观念强等；B 型性格指情绪心理倾向较稳定，社会适应性强，为人处事比较温和，生活有节奏，干事讲究方式，表现为想得开、放得下，于他人的关系协调，能面对现实，不气馁、不妄求，抱负不高等；C 型性格指那种情绪受压抑的抑郁性格，表现为害怕竞争，逆来顺受，有气往肚子里咽，爱生闷气等。

通过大量研究调查表明，A 型性格是发生冠心病、高血压的重要因素。A 型性格中对外界的敌意态度和高度生气发怒的特征联合作用，成为冠心病与高血压的诱因。因为人体在激动、紧张、气愤的状态下，肾上腺素分泌增加，一方面引起呼吸加深、加快，心搏加快加强，外周血管阻力增加，促发冠脉痉挛或血栓形成，成为高血压与冠心病的病理基础。国内外的研究还发现，C 型性格的人易患癌症。

一般来说，以下 8 种性格特征的人容易发生事故：

第一种，攻击性性格。具有这类性格的人，常妄自尊大，骄傲自满，工作中喜欢冒险，喜欢挑衅，喜欢与同事闹无原则纠纷，争强好胜，不接纳别人意见。这类人虽然一般技术都比较好，但也很容易出大事故。

第二种，孤僻型性格。性情孤僻、固执、心胸狭窄、对人冷漠。这类人性格多数内向，人事关系不好。

第三种，冲动型性格。性情不稳定者，易受情绪感染支配，易于冲动，情绪起伏波动很大，受情绪影响长时间不易平静，因而工作中易受情绪影响忽略工作安全。

第四种，抑郁型性格。主导心境抑郁、浮躁不安。这类人由于长期心境闷闷不乐、精神不振，导致大脑皮层不能建立良好的兴奋性，干什么事情都引不起兴趣，因此很容易出事故。

第五种，马虎型性格。马虎、敷衍、粗心。这种性格常是引起事故的直接原因。

第六种，轻率型性格。在紧急或困难条件下表现出惊慌失措、优柔寡断或轻率决定、胆怯或鲁莽。这类人在发生异常情况时，常不知所措或鲁莽行事，错失排除故障、消除事故良机，使一些本来可以避免的事故发生。

第七种，迟钝型性格。感知、思维、运动迟缓、不爱运动、懒惰。具有这种性格的人，由于在工作中反应迟钝、无所用心，也常会导致事故发生。

第八种，胆怯型性格。懦弱、胆怯、没有主见者。这类人由于遇事退缩，不敢坚持原则，人云亦云，不辨是非，不负责任。因此，在某些特定情况下很容易发生事故。

所以，我们在日常工作中，更需要关注以上这 8 类人群。

企业的安全管理是保证安全生产的关键环节。安全管理需要考虑工人性格的因素。时刻关注工人的性格，对于危险性较大或负有重大责任的岗位，坚决避免使用具有明显不良性格特征的人。对于在岗人员也应常与接触了解他们的思想状况和性格变化。

4.4.2　气质与安全

人的气质是由其神经类型决定的。巴甫洛夫在研究高等动物的条件反射时确定人的神经系统具有三个基本特性：强度、灵活性和平衡性。人的气质的差异是由其神经系统的特性不同所决定的。

人的气质可分为 4 种类型：胆汁质（兴奋型）、多血质（活泼型）、粘液质（安静型）、抑郁质（抑制型）。

胆汁质的人直率热情，精力旺盛，反应迅速而有力，但是脾气急躁，易于冲动；有一种强烈而迅速燃烧的热情，不能自制。代表人物：张飞、李逵。

多血质的人情感丰富，灵活性高，易于适应环境变化，善于交际，在工作，学习中精力充沛而且效率高；对什么都感兴趣，但情感兴趣易于变化；精力易分散，粗枝大叶，不求甚解；有些投机取巧，易骄傲，受不了一成不变的生活。代表人物：韦小宝、孙悟空、王熙凤。

黏液质的人安静稳重，善于自制，但是对周围事物冷淡，反应迟缓；反应比较缓慢，坚持而稳健的辛勤工作；情绪不易激动，也不易流露感情；自制力强，不爱显露自己的才能；固定性有余而灵活性不足。代表人物：鲁迅，薛宝钗。

抑郁质的人情感体验深刻而稳定，观察敏锐，办事认真细致，但是过于多愁善感，行为孤僻。

气质只是人的性格和能力发展的一个前提，各种气质类型的人都有可能在事业上取得成就。据分析，俄罗斯四位著名文学家就是四种不同气质类型的代表：普希金属胆汁质，赫尔岑属多血质，克雷洛夫属黏液质，果戈里属抑郁质。

人的心理活动的动力并不完全决定于气质，它还与活动的内容、目的、动机有关。无论什么样的人，遇到愉快的事会精神振奋、情绪高涨、干劲倍增，遇到不愉快的事总会精神不振、情绪低落。气质也不是一成不变的，它会随着环境的变化而变化。大多数人具有一种气质的个别特征与其他气质的若干特征相结合的特点。不同气质的人在同样的环境下做同样的工作其效率和安全性是不一样的。让张飞去杀猪，是轻而易举的事，叫林黛玉去杀猪就是强人所难；反之，让林黛玉去绣花，恰如其分，叫张飞去绣花则是故意刁难。可见，在实际工作中，合理的选择不同气质的人担任不同的工作，不仅可以提高工作效率，对安全也是有利的，反之，让一个胆汁型的人做细致单调的工作，事故发生的可能性就会增加。

气质本身是不能预测成就大小的。了解自己的气质的意义主要在于：尽量根据自身的特点选择最适合的发展方向和人生道路。

胆汁质的人：反应速度快，具有较高的反应性与主动性。意志坚强、果断勇敢，注意稳定而集中但难于转移；这类人情感和行为动作产生得迅速而且强烈，有极明显的外部表现；性情开朗、热情，坦率，但脾气暴躁，好争论；精力旺盛，经常以极大的热情从事工作，但有时缺乏耐心；思维具有一定的灵活性，但对问题的理解具有粗枝大叶、不求甚解的倾向；情感易于冲动但不持久；因此易于发生事故，胆汁型性格的人被称为“马路第一杀手”。较适合做反应迅速、动作有力、应急性强、危险性较大、难度较高的工作。这类人可以成为出色的导游员、营销员、节目主持人、外事接待人员等。但不适宜从事稳重、细致的工作。

多血质的人：多血质的人行动具有很高的反应性。这类人情感和行为动作发生得很快，变化得也快，但较为温和；易于产生情感，但体验不深，善于结交朋友，容易适应新的环境；语言具有表达力和感染力，姿态活泼，表情生动，有明显的外倾性特点；机智灵敏，思维灵活，但常表现出对问题不求甚解；注意与兴趣易于转移，不稳定；在意志力方面缺乏忍耐性，毅力不强。但是自信心不足，在遇到突然抉择时容易犹豫不决，易发事故。较适合做社交性、文艺性、多样化、要求反应敏捷且均衡的工作，而不太适应做需要细心钻研的工作。他们可从事范围广泛的职业，如外交人员、管理者、律师、运动员、新闻记者、服务员、演员等。不宜担任紧急重要事情的决断工作。

黏液质的人：黏液质的人反应性低。情感和行为动作进行得迟缓、稳定、缺乏灵活性；这类人情绪不易发生，也不易外露，很少产生激情，遇到不愉快的事也不动声色；注意稳定、持久，但难于转移；思维灵活性较差，但比较细致，喜欢沉思；在意志力方面具有耐性，对自己的行为有较大的自制力；态度持重，好沉默寡言，办事谨慎细致，从不鲁莽，但对新的工作较难适应，行为和情绪都表现出内倾性，可塑性差。较适合做有条不紊、刻板平静、耐受性较高的工作，而不太适应从事激烈多变的工作。可从事的职业有外科医生、法官、管理人员、财务人员等。

抑郁质的人：抑郁质的人有较高的感受性。这类人情感和行为动作进行的都相当缓慢，柔弱；情感容易产生，而且体验相当深刻，隐晦而不外露，易多愁善感；往往富于想象，聪明且观察力敏锐，善于观察他人观察不到的细微事物，敏感性高，思维深刻；在意志方面常表现出胆小怕事、优柔寡断，受到挫折后常心神不安，但对力所能及的工作表现出坚韧的精神；不善交往，较为孤僻，具有明显的内倾性。能够兢兢业业干工作，适合从事持久细致的工作，如技术人员、化验员、机要秘书、保管员等。而不适合做要求反应灵敏、处事果断的工作。

4.4.3　需要、动机与安全

需要是个体和社会生存与发展所必需的事物在人脑中的反映。需要的概念包含着这样两个基本含义：第一，人的需要是客观存在的，这是由人与社会的客观存在与发展所决定的；第二，需要是客观需求在人头脑中的反映，因此它必然是人的一种主观状态。

根据其起源，可把需要分为自然性需要（饮食、居住、婚配等）和社会性需要（劳动、交往等）；根据需要的对象，可把需要分为物质的需要（食物、住房等）和精神的需要（求知、审美等）。

人的需要有一个从低级向高级发展的过程。人在每一时期都有一定的需要占主导地位。但对成年人来说，在某一时期为何要有这种需要而不是那种需要，则是由其理想、信念和世界观所决定的，而非出于其需要本能。在一个成年人身上，各种需要往往是交混在一起的，很难用单一的需要来解释他的某种行为。比如一般人在选择职业时，既要考虑收入问题，又要考虑地位问题，还可能考虑前途问题，那么他最终选择的职业，便往往是考虑到多种需要而后平衡的结果。

安全需要是人的基本需要之一。

低层次的需要与安全：人与人的能力不同，发展环境不同，人要有知人之明，更要有知己之明。改变生活状况的唯一正确途径是要靠自己的劳动，美好生活的真谛也正是在于以自己的辛勤劳动创造更多的社会财富。

高层次的需要与安全：企业建立起健全的公平竞争、人尽其才的制度和措施是非常必要的。一方面，提倡企业职工在受到挫折时要善于调整自己的情绪；另一方面，企业领导要采取有效措施尽量消除职工产生这种挫折的根源。实践证明，对于领导所强调的“有意义”的和对自己具有挑战性的工作，工人们往往能够情绪积极，认真负责，努力使自己圆满地完成工作，并注意安全生产。

动机是激起一个人去行动或者抑制这个行动的一种意图、打算或心理上的冲动。动机的功能如下。

激活功能：动机会推动人们产生某种活动，使个体由静止状态转化为活动状态。

指向功能：动机使个体进入活动状态之后，指引个体的行为指向一定的方向。

调节与维持功能：动机会决定行为的强度，动机愈强烈，行为也随之愈强烈。

根据需要的不同性质，可以将动机分为生理性动机和社会性动机。生理性动机也称为驱力，是由个体的生理需要所驱动而产生的动机。社会性动机是人类所特有的，它以人的社会文化需要为基础。根据动机产生的源泉不同，可以将动机区分为内在动机与外在动机。外在动机是在外部刺激的作用下产生的，是为了获得某种奖励而产生的动机。内在动机是由个体的内部需要所引起的动机。依据动机在行为中所起的作用不同，可将动机划分为主导动机和从属动机。主导动机推动行为的各种动机所起的作用是各不相同，有的表现强烈而稳定，起主导作用。从属动机在行为动机中，有的动机则处于辅助从属的地位，所起的作用偏弱。

工作动机是最有效能、最为复杂的社会性动机之一，是一种使个体努力工作，高质量创新并不断完善自己工作的动机。

工作动机理论基于不同的人性观，它涉及了一个问题：人为什么工作？回答这个问题有 4 个理论：X 理论、Y 理论、V 理论和 Z 理论。X 理论认为人工作是为了钱，个人的工作动机来自物质利益的驱动，并且常被外来刺激（诱因）所吸引。Y 理论则把人看作是负责、有创造力的，人们工作不是为了外在的物质刺激，而是出于一种要将工作做好的内驱力。根据这种观点，在工作激励中不应将物质利益的吸引力放在第一位，而应创造一个自由的工作环境，让工作者有充分的空间发挥他们的创造力，满足他们对工作的内在需求。

人的各种行为都是由其动机直接引发的。为了克服生产中的不安全行为，人们应自觉地把安全问题放在首位，建立起安全生产，避免因发生事故而给个人和人民的生命财产带来损害的良好动机。但是在生产实际中，也有少数人出于个人私利或侥幸心理违章操作，这种错误的动机往往可能导致严重的后果，是安全生产之大敌。

4.5　各种心理现象与事故

4.5.1　事故发生前责任者心理状态与矫正

（1）习以为常，思想麻痹

这种不良心理，往往反映在一些有一定经验的员工身上。由于是经常做的工作，容易形成习惯性思维，所以在完成具体生产任务时，总是习以为常，并不感到有什么危险：此项工作已做过很多次，因此不在乎：没有注意到周围的“异常”现象，存在一种麻痹思想，对“异常”现象缺乏敏感的反映。在这种心理状态的支配下，沿用以往习惯的方式进行操作，凭“老经验”行事，放松思想警惕，以致酿成灾祸。

【例 4.5-1】东北某电厂春节期间调车作业，解冻库容量最多化解六节煤，有位内燃机车司机凭“老经验”，每次都将机车停在一个固定记号的位置上，正好是六节煤车。有一天机车挂了七节煤车，他由于思想麻痹，仍然沿用以往习惯性违章做法，不注意瞭望调车信号，而是将机车还停在以往的位置上，发生了山墙被撞倒、煤车穿出解冻库事故。

整改措施：对员工开展经常性的安全思想教育活动。这是矫正“习以为常”“思想麻痹”不良心理的有效方法，可以利用每周的安全活动日、每天的班前班后会，学习相关的安全工作规程或相关专业的事故案例、上级文件或通报，结合当天的生产任务，做好危险点分析和事故预想，即使有工作经验，也应熟悉生产工作环境和作业条件，不盲目凭“老经验”行事，要增强工作责任心，不断强化头脑中的安全意识，做到“警钟长鸣”。可根据实际情况采取针对性措施，比如，强化岗位技能培训，由技术人员详细讲解设备运行中的各种正常现象，并深入分析各种异常现象产生的原因和可能引发的事故，着重结合生产实际，逐步启发和提高员工其观察事物的敏感性，克服麻痹性，按客观规律办事，自觉遵章守纪，工作中保持高度注意，善于发现异常现象，是矫正“习以为常”心理的关键。

（2）受激情的影响，思想不集中

这种情况是由于操作人员有特别高兴或生气的事。

【例 4.5-2】操作人员和同事或家属发生了争执，心中不愉快；受过领导批评而闹情绪；遇到特别高兴的事感情冲动；遇到特别伤心的事情绪低落，思想无法集中；忘记了按照操作程序进行作业，受激情的影响，理智感和分析能力受到抑制，操作中思想紊乱，结果导致事故的发生。

对员工进行个性、意志、情操的陶冶，培养健康向上的情绪和理智自控能力。加强个性修养，养成善于控制激情强度均衡性和增强注意力的个性品格。自觉协调，平衡心理矛盾，克服不良心态，始终保持正常的心理过程和健康、乐观、奋发、向上的情绪，使之自主性地遵守相关的现场安全操作规程，规范地进行各项操作，科学、冷静、理智地处理安全生产中的问题。

（3）不懂装懂 ，自以为是

这种情况的心理状态是：认为做法是正确的，但结果却事与愿违。有些员工专业技术能力不强，却特别爱面子，虚荣心、自信心很强，他们虽然没有娴熟的岗位技能和足够的经验，但又过于自信，不懂装懂，自以为是，不能虚心向别人学习，存在着怕损害自尊心的心理状态，工作中采取的做法实际上是错误的，而终于酿成了事故。

【例 4. 5-3】某发电厂有一位入厂不到一年的大学毕业生，本身还没有通过实习考试，对本企业生产现场还不够熟悉，却擅自带领刚分来的两名校友到现场参观，并学着师傅的样子边走边讲解，不慎 3 人一同掉进电缆竖井，其中一人摔成重伤。

所谓“无知者无畏”“初生牛犊不怕虎”都是无知的表现。管理者要教育员工，认清市场经济的实质就是竞争、选择和淘汰。不断提升员工岗技能学习的内在动力，加大安全教育和生产培训考核的力度，消除部分员工爱面子、求虚荣及“不懂装懂，自以为是”的错误心态。强化对员工的安全技术培训，深入进行检修“一岗多能”，进行“全能值班员”培训。员工在头脑中建立解放思想、实事求是的理念，更应该虚心、刻苦地努力学习科学知识，不断提高专业技术理论水平和岗位技能，以适应生产的不同需要。

（4）依赖别人，存在侥幸

这种情况心理状态是：在与别人共同作业或操作时，自己主观上不积极努力，不严格按照自己承担的作业项目和操作程序进行工作，而总是图省事、取巧、省力，想依赖别人，侥幸取胜，至于作业工具是否齐全，作业现场安全措施是否正确和完备，有无其他不安全因素和“异常”现象等，那些都是别人想的事，干活的人也不只是我一人。

【例 4. 5-4】徒弟与师傅一起工作时，一般徒弟会有依赖思想，尤其在执行监护制度时，若监护人与操作人的水平相当，两人都有可能产生依赖心理，在实际操作中失去监护作用，结果导致事故的发生。又如，某变电站执行倒母线操作任务的两个人，操作人心想监护人工作年限 比自己长，现场熟、经验多；监护人认为操作人文凭高、头脑灵活，曾获得过技术能手称号，结果两个人都很相信和依赖对方，两个人从主控室一出来，使按着操作票上的操作顺序事先都画上了“√”，到现场操作前谁也没有提醒对方核对设备，结果发生带负荷拉隔离开关，变电站停电事故。

为有效矫正“依赖别人，心存侥幸”的不良心理，这就要求员工克服不负责任消极的“从众”心理，“从众”是在群体影响下，放弃个人意愿而与大家保持一致的心理。教育员工树立主人翁意识和主体意识，增强责任感，在头脑中建立“自己是安全工作的第一责任者”的理念，充分张扬个性和“团队精神”，排除被动，清楚自己在工作中应负的安全责任，不盲目随从或依赖他人，积极主动、认真负责地去完成工作。生产单位，也要加强这方面的管理与考核，制定相互制约的措施，明确每个人员具体负责的工作内容与应负的安全技术责任，用相关的安全工作规程和生产责任制约束个别员工“依赖别人”的错误心理，以企业曾发生过由于现场人员存在“侥幸”心理，未按作业或操作程序与标准行事，而发生的事故教训警示员工，使员工建立高度的责任感和安全生产法治意识，这样就能够避免事故的发生。

（5）心情紧张，判断失误

这种情况较多地发生在新员工（或转岗）第一次担任独立操作时；从事复杂的任务或过去未进行过的工作时；计划停电检修的时间快到了，忙于赶任务时；在进行复杂的事故处理时；年末即将实现全年无事故兑现奖励或上级来检查工作等原因，使其心情紧张，心理压力增大，对外界情况没有正确的反应，对注意力分配不当，顾此失彼，忙中出错。

严重的过度紧张会导致判断失误和操作错误，诱发事故的发生。

【例4.5-5】某发电厂汽机专业一名刚应聘到司机岗位的员工，在一次突发性事故处理过程中，由于心情紧张，误判断高压供油泵电动机故障，错误操作，将正常运行中的高压供油泵电动机电源切断，使汽轮机轴瓦断油，造成瓦片严重烧损，汽轮机大轴弯曲的重大设备损坏事故。这位司机高度紧张的心理状态，促成判断失误，诱导的误操作是事故的致因。误操作是指不正确的、不规范的、不恰当的操作。误操作与一般习惯性违章的区别，就在于误操作的结果其较高的概率就是事故。从这一点看，误操作的危害是相当大的。事故统计分析表明，事故发生前责任者由于心情紧张，判断失误是造成误操作至关重要的内在心理原因。

为解决这一心理现象，企业应做好员工心理疏导工作，开展“藐视一千天，重视一伸手”的教育，使员工建立一切都从“零开始”的理念：即“天天从零开始”，包含着对安全生产工作“如履薄冰”的危机感；包含着对安全生产工作有居安思危的责任感；包含着对安全生产工作科学管理的使命感。矫正心情紧张，判断失误最好的办法是锻炼良好的心理品质，在思想上和行为上做好防范事故发生的准备，从每一项操作做起，从每一个动作做起，重视对员工进行安全心理素质培养和岗位技能培训工作，通过岗位练兵和安全只有起点没有终点的教育，做好每一天的安全生产工作。

另外，员工也不要把较长的安全天数记录或上级来检查工作看得太重，要以一种平常的心理状态工作在岗位上。同时，企业应对不同的情况采取不同的解决办法。比如，对新员工（或转岗）第一次担任工作前，有关领导对这部分员工在经过生产技能考核，确认其有能力完成任务时，应与其进行谈话，具体交代安全注意事项，鼓励其树立信心，建立“我能行”的信念，必要时，可在旁进行安全监护、指导 ，以消除其紧张情绪。又如，在进行过去未做过的较复杂的带电作业工作前，一方面，应先制订方案，确定目的、任务、安全注意事项和规范的操作程序，并组织有关人员在停电设备上反复模拟演练，达到熟练程度后方可进行实际操作。另一方面要求员工多参加事故预想及反事故演习，工作前，做好危险点分析和安全技术交底，提高自己的经验值。调节好心情状态，准确判断，能够避免发生误操作。员工做到了心情平稳，也就不至于在突然发生的事故面前手忙脚乱了。

（6）盲目无知，藐视规程制度

1）盲目无知常发生在新员工和对规章制度满不在乎的人身上。

这种心理状态往往有些是反映在新入厂、新转岗的员工和刚刚走上管理岗位的生产管理人员身上。这些人员对各项安全规程制度掌握得不够全面；对本岗的工作标准和行为规范掌握不够；对本岗位安全生产责任制度熟视无睹；对本岗位的各项生产技能及管理知识缺乏经验；对本岗位曾发生过的生产事故及工作中失误的教训缺少了解；对本岗位的各种不安全因素和各种违章的危险性认识不足。安全管理经验证明：盲目无知，藐视规章制度的员工，大多是那种平时工作中自由散漫惯了的人。这类人常表现为不懂装懂，自以为是，还善于投机取巧，对一切规章制度满不在乎，安全生产法律法规、规程制度执行不认真，工作中存在着盲目行为。

【例 4.5-6】某电厂配电班工人嫌安全带太长行动不方便，心里感到挺别扭，违反劳动保护用品有关规定，盲目将安全带割短，造成绳扣脱开，从高处坠落摔成重伤。据了解这个电厂其他的班组也长期有人使用割短的安全带从事高处作业，存在严重安全隐患。

在生产过程中，这些人尤其是那种自由散漫惯了的人，存在着一定的盲目性和随意性，对规程制度呈现一种无所谓的藐视心理。对《中华人民共和国安全生产法》赋予从业人员的权利与义务没有深刻的理解和掌握；不知道企业及本岗位的危险点和危险源在哪里；不知道怎样进行避免和防范突发性事故；不知道哪些行为是违反安全规章制度，是威胁人身、设备安全的。甚至出了事故以后，还不知道吸取教训，还不知其所以然，为以后安全生产埋下隐患。

对于这些人员首先应对其进行安全思想教育和岗位安全责任意识教育，进行职业道德和《中华人民共和国安全生产法》安全法制教育，进行规章制度和典型事故案例的教育。组织他们学习、讨论相关安全工作规程及岗位工作标准和安全生产责任制度，使他们懂得规章制度是“法”的延伸和具体化。

2）采取有效的教育方式。

借鉴系统内外以及本岗位历史上曾发生过的人身伤害和设备损坏的一些典型事故案例，并安排他们到事故现场参观。采取直观、立体式的安全教育形式，请事故当事人现身说法，吸取事故教训，不断提高新上岗人员安全生产观念和岗位安全责任意识。同时，企业还应加强对这些人员岗位技能、专业知识、安全知识（包括劳动保护用品正确使用）的培训，使其能够重视并自觉遵守规程制度，不断提高安全技术水平和职业道德等综合素质。克服工作中的盲目行为，提高自我防护能力，做到“四不伤害”，即不伤害自己、不伤害他人、不被他人所伤害、保护别人不受伤害。对企业中那种经过思想教育仍然自由散漫和一切规程制度都满不在乎的个别人，从保证安全生产角度讲，这种人不适宜在生产现场工作，应调离。

（7）情绪低落，行动消极

生活和工作中遇到挫折和不顺心的事，容易产生消沉的不良心理，对社会和企业有一定的负面影响。

【例 4.5-7】生活中夫妻吵架、失恋、孩子没考上大学；工作中和同事闹别扭，出现了差错受到领导的批评或罚款等。心理不痛快时，消极情绪占了上风，可能产生烦躁、消沉、怨恨等不良心境，必然会引起行动上的消极，工作中缺乏主动性，注意力不集中，心不在焉，以致忘掉了工作前应做好危险点分析、事故预想等安全防范措施，出事故的可能性就很大。

有些情绪低落的员工遇突发事故头脑瞬间空白，失去判断能力。

【例 4.5-8】某电厂一位汽轮机值班员，因丈夫赌博受到治安拘留处罚，整天忧心忡忡。一天值班，她正在汽轮机旁拿拖布擦地，忽见汽轮机厂房一角处有几个检修人员工作的地方起火，她一心慌，没有去帮助救火，却跑去关掉汽轮机的停机按钮，造成了不必要的停机事故。此外，有些员工在生产工作中出现问题，受到批评或处罚，情绪低落，特别是有的生产管理者工作方法不当，考核或处分过于严厉。个别情况下，一些领导与员工关系不够融洽，处理工作中问题缺乏“人性化”或不够公正，容易造成员工心理上受压抑，情绪低落。表现在行动上沉默少语，不愿与人交往，工作消极，缺乏信心和责任感。

这种心理状态是消极的，有时还具有一定的破坏性，甚至使人做出越轨或不道德的行为，也可能导致人的心理状态畸变，使安全生产受到人为因素造成的威胁 。

针对这种不良的心理状态，企业安全生产的管理者，要耐心细致地做好员工的思想政治工作和心理疏导工作，特别是对于因工作失误受到处罚或因家庭问题造成情绪低落的员工 ，应多给一些关心，并帮助员工切实解决一些实际困难。同时，各级领导要注意工作方法，从严治企，要严得公正，不能对张三严，对李四松，让员工心悦诚服地接受从严管理。作为员工本人，也应正确对待生活和工作中遇到不顺心的问题，努力调整好自己的心态，使情绪振作起来，以积极的心态，饱满的工作热情，做好本职工作。

（8）逞能好胜，冒险蛮干

“逞能好胜”心理，往往反映在一些青年员工身上；而“冒险蛮干”心理，往往反映在性格较粗鲁的员工身上。还有一种人自以为技术好，有经验，违章习以为常，满不在乎。虽然预见到违章可能发生危险，但是轻信可以避免。甚至不顾个人生命安全，“逞能、冒险”表现自己的技能，把“逞能好胜、冒险蛮干”当做荣耀。

【例 4.5-9】某作业现场有一位技师 ，他往快速旋转的皮轮上推皮带，能及时把手抽出来而未出事故。他违章挂皮带已经 3 年，曾有 23 次擦伤，但最后还是被卷进去碾死了。“逞能好胜，冒险蛮干”的员工，总是以自己或他人的痛苦证明安全规程制度的重要作用，用鲜血和生命证实规章制度的严肃性。

他们的共同特点是，安全意识淡薄，对国家颁布的安全法律法规及企业的规章制度重视不够，有章不循，有令不行，有禁不止，明知故犯。由于“逞强好胜”，他们明目张胆，有意违章，以显示自己的胆量，博得他人的喝彩。比如，有些人为表现自己胆大、有能力，利用吊钩进行升降；登高不系安全带；对特殊工种的工作无证操作等。由于“冒险蛮干”，他们在生产工作中途省事、怕麻烦、走捷径，为了抢工期、抢进度，只重效益，不讲安全。他们完全是拿安全生产开玩笑，拿人的生命当儿戏，结果造成了人身伤害事故或设备损坏事故。给个人和家庭造成痛苦，给企业造成经济损失，给社会造成不安定的影响。

【例 4.5-10】 2003 年 9 月，某发电有限责任公司制氧站设备检修。为了不影响正常供应氧气，该厂安排 16 名员工利用厂休日加班检修设备，由于前一天氧气含量检验合格，第二天工作之前还没有等复检结果出来，有一名年轻焊工“逞能好胜”“求成心切”，看了一下自己的手表藐视地说：“都测试合格了，你们还等啥?”说完便施焊，就在打火瞬间，车间发生爆炸，直径 150 mm 氧气管道跨落在工作间前 3 层楼高的大树上，人员伤亡也极为惨重 ，爆炸事故造成除 1 人脑外伤幸存，包括这名焊工在内的 15 名员工全部被炸死，尸体散落在事故现场周围的地面上，距离 100m 处的庄稼地里也能拾到被炸员工的肢体，场面惨不忍睹。只因为个别员工“逞能好胜”心理和“冒险蛮干”行为引发的这起特大事故毁灭了 15 个家庭，也给企业和社会稳定带来严重影响。

“前事不忘，后事之师”。历史上血的事故教训很值得借鉴，不能再重蹈覆辙。对于企业个别员工存在的这种严重威胁人身安全和企业安全生产“逞能好胜”心理，“冒险蛮干”的不安全行为，最好的矫正措施，就是对其进行安全法制教育和劳动纪律教育；进行规章制度和典型事故教训的教育；进行“两票、三制”和工作监护制度教育；进行“关注安全”“关爱生命”的教育；进行“团队精神”的教育。依法治企，从严管理 ，加大岗位安全责任制和规程制度执行情况的考核力度。对于典型的人和事采取公开曝光批评教育的方法，以维护安全生产法律、法规及现场规程制度的严肃性 。

（9）工作责任心不强，缺乏主人翁意识

1）工作责任心不强，有多种表现形式。

这是事故发生前事故责任者较普遍存在的一种不良心理因素，具体表现在：有的人对待本职工作缺乏事业心、责任感，工作吊儿郎当，什么事都敷衍了事，马虎凑合；有的运行值班员在巡视设备时敷衍塞责，不认真检查漏项、不到位。在倒闸操作时不认真核对操作票，出现漏洞或疏忽，马虎操作，不该送电的设备给合闸送电了，发生误操作行为。

【例 4.5-11】在运行岗位上，曾被调查的发生过误操作事故的 200 多人中，有一半以上的值班员在发生误操作时，是由于责任心不强、注意力不集中或缺乏主人翁意识，不安心运行岗位工作；有的检修人员图省事，不按作业程序标准进行检修工作，即使工作中出现了问题，也不能认真处理，使设备带缺陷运行，为安全生产埋下隐患。

工作责任心不强，是一些人为责任事故的通病，而且存在于班员与班员，班长与班长之间。

【例 4.5-12】某电厂发电机组大修后期，汽轮机检修班收工时，发现一个扳手丢了。工具员没有认真坚持“工具非收齐全不可”，班长听了汇报，得知在汽轮机汽缸内找不到后，就通知发电机检修班班长，请发电机检修班在发电机定子内找一找，他自己则“高枕无忧”了。发电机检修班班长派班内人员在发电机里简单地找了找，听说没有找到，也就“万事大吉”不管了。结果，两个班长谁也没有向上级汇报。发电机组按期封盖、起机、并网。没到几天，突然发生发电机继电保护动作事故跳闸。事故分析检查时发现扳手掉在发电机汽轮机侧发电机定子绕组端部，由于铁扳手在发电机端部变化的强磁场作用下，严重发热，烧毁线棒和局部铁芯，造成定子线圈相间突然短路，导致继电保护动作跳闸，此事故造成很大的经济损失。为了修复发电机，必须拆出一半以上定子线圈，然后修补铁芯，换线棒，工期需要一个多月，发电量受到很大影响。

这个实例说明，对于企业生产岗位的每名员工都应加强工作责任心和主人翁意识重要性的教育。

经过事故分析不难看出：如果汽轮机检修工有工作责任心的话，就不会丢扳手，丢了扳手之后不找回来应不罢休；如果工具员有工作责任心的话，就会不收回工具不下班，硬逼责任者不得不找；如果汽机检修班班长有工作责任心的话，就会组织大家去找，不找到扳手不算工作结束；如果发电机检修班班长有工作责任心的话，在追问落实汽轮机缸内确无扳手后，应想尽方法确认发电机定子线圈内无扳手，即使有一点怀疑，也要请示上级，更何况没有找到丢失的扳手。上述人员的头脑中都没有起码的工作责任心和主人翁意识。谁都没有彻底检查发电机内有无扳手，就盲目地封盖、起机、并网，在静态和启动状态电气高压试验时，也没有根据测量仪表值变化，而引起注意和综合分析，没有把住这最后一关，暴露出高压试验人员工作责任心和主人翁意识也很差，以致发生了发电机绝缘烧损重大设备损坏事故。

2）采取矫正的措施。

企业对员工进行爱岗敬业精神和岗位安全责任意识教育，加强安全文化建设，培养“团队精神”，是矫正“工作责任心不强，缺乏主人翁意识”的有效途径。强化全员、全方位、全过程的安全监督和技术管理，严格执行三级验收制度，拟定各级各类人员岗位工作规范和标准，是增强工作责任心，主人翁意识的制度保证。加强运行与检修员工生产技术培训，不断提高岗位技能和生产管理水平，以 ISO 9000 标准作业，以现场检修、运行规程规范员工的行为，是增强工作责任心、主人翁意识的技术保证。同时，开展事故案例及安全生产法制教育；落实岗位安全责任制；树立“安全第一，以自我为中心”安全新观念；张扬“厂兴我荣、厂衰我耻”荣辱观等安全思想教育和职业道德、企业精神教育活动，也是矫正员工“工作责任心不强，缺乏主人翁意识”的好方法。

3）事故发生前责任者心理状态的规律特征。

事故发生前，责任者的心理状态虽然多种多样，失误行为表现的方式也各有差异。但是，一些不良的心理活动和失误行为产生的原因却有它的规律性。

① 责任者心理特征和行为表现。

安全思想不牢、技术水平低 、存在麻痹心理和侥幸心理、安全法律意识淡薄、责任心不强、自身价值取向盲目、劳动纪律松弛、习惯性违章操作或作业等，是事故发生前，责任者典型的心理特征和行为表现。

② 责任者不良心理状态产生危险性类别。

安全管理经验证明：在有些情况下，比如生产形势大好，长周期安全无事故，个别员工居安思危心理品质降低，是滋生思想麻痹的温床；习以为常，思想麻痹，是安全意识淡化的思想根源；技术不熟，能力不强，是造成事故的基础条件；情绪低落，行动消极，是发生事故的“催化剂”；心情紧张，判断失误，是发生误操作事故的诱因；依赖别人，存在侥幸，是事故发生的绿色通道；责任心不强，冒险蛮干，是发生事故的必然结果。生产盈利是目的，安全管理是手段，安全技术措施是保证。新世纪、新要求，安全管理的重点是“超前预防事故”，吸取以往事故教训是预防事故的核心。

4）事故发生前，责任者不良心理矫正及预防。

针对上述事故发生前责任者不良的心理状态，企业应正确运用安全心理学，深入剖析其根源，并给予及时的心理矫正。通过采取安全思想教育、安全法律法规、安全心理和岗位技能等教育培训手段，不断提高员工安全意识、主人翁责任感和岗位技能水平。使员工深刻地认识到，规章制度是“法”的延伸和具体化，是生产活动客观规律的反映，是生产实践事故教训的总结，是员工从事生产工作的行为规范，是保证企业生产一线员工人身安全的护身符。

（10）采取的措施

1）依法采取预防措施。

为保证每个生产岗位不发生人身伤害和设备损害事故，还要有意识、有目的、有目标地培养员工心理调节和自我评价的能力，增强安全生产法治意识，要求员工学习贯彻《中华人民共和国安全生产法》，并从以下几个方面理解从业人员下列各项权利与义务：

《中华人民共和国安全生产法》明确了从业人员的权利。

① 知情权。即有权了解工作任务及其作业场所和工作岗位，存在的危险因素、防范措施和事故应急措施。

② 建议权。即有权对本单位的安全生产工作提出意见和建议。

③ 批评、检举、控告权。即有权对本单位安全生产管理工作中存在的问题提出批评、检举、控告。

④ 拒绝权。即有权拒绝企业领导者和生产管理者，只为经济效益，不顾人身安全及设备损坏，盲目违章指挥或强令从业人员冒险作业和操作。

⑤ 避险权。即发现直接危及人身安全的紧急情况时，有权停止作、操作或者在采取可能的应急措施后撤离其作业、操作等场所。

⑥ 求偿权。即由于不具备安全生产或工作条件发生事故后，受伤害从业人员有权依法向本单位提出要求赔偿和治疗的权利。

⑦ 防护权。即有权要求企业为从业人员提供保证人身安全的作业条件或工作环境，有依法获得符合国家标准或者行业标准的劳动保护用品的权利。

⑧ 教育培训权。即从业人员有权获得安全教育和生产技能培训的权利。

《中华人民共和国安全生产法》明确了从业人员的基本义务。

① 自律遵规义务。即从业人员在生产作业或操作过程中，应当遵守有关安全生产的法律、法规、规程和本单位的安全生产规章制度、操作规程、行为准则、工作标准，并做到自觉遵守劳动纪律，服从安全管理。

② 自觉学习安全知识和生产技能的义务。即要求从业人员自觉学习并掌握安全知识和本职工作所需要的生产技能，提高安全意识，主动接受安全生产的法律、规程制度考试和生产技能考核，增强事故预防和生产过程意外情况应急处理能力。

③ 危险报告义务。即发现事故隐患或者其他不安全因素时，应当立即向现场安全生产管理人员或者本单位的负责人报告。

④ 正确佩戴和使用企业发给的劳动保护用品和安全工器具。

⑤ 参与抢险救灾，接受事故调查。

《中华人民共和国安全生产法》的出台和实施，使我国的安全生产管理进入安全法制化管理的新阶段，每一名从业人员应在安全生产工作中认真履行《中华人民共和国安全生产法》赋予自己的权利与义务，不断增强安全法治观念和工作责任心，掌握岗位技能，作业前及时识别危险因素以及消除影响安全生产的思想障碍，理智地控制情绪、约束行为，使企业的各项规章制度和自己岗位的安全职责落实到具体的工作之中。

2）把安全工作方针落到实处。

只有一丝不苟地严格按规程制度办事，认真矫正员工事故发生前各种不良的心理状态，建立安全生产法治观念，强化企业安全文化建设，进行心理健康和安全心理学知识培训，提升安全心理品质，规范操作行为，把"安全第一，预防为主，综合治理"的安全工作方针落实到具体的工作环节上，在头脑中牢固构筑一道安全"责任重于泰山"思想防线，才能避免事故的发生。

4.5.2 事故发生中责任者心理状态与矫正

（1）生理和心理同时处于紧张状态

由于安全生产事故往往具有突发性和偶然性，许多事故的当事人在事故发生时，尤其是新上岗人员，紧张得几乎到了恐惧的状态。事故规律表明：意外情况往往使当事人引起生理上的反应。如气短、腿抽筋、手不好使、迈不开步、大汗淋漓、张口结舌，头脑高度紧张、一片空白，失去记忆。个别员工事故发生时，由于心理上无准备造成情绪异常紧张，心理品质迅速下降，平时背画的系统图及所掌握设备工况和参数，此时，都荡然无存，就连向上级汇报和报警的电话号码也都忘了，电话接通了，紧张地又讲不出话来，手忙脚乱，错误处理。比如，操作时应拉开甲隔离开关，实际上因走错间隔拉开乙隔离开关，发生误操作。正是由于事故发生时当事人生理和心理状态的高度紧张，判断能力降低，导致行为失误，才使事故扩大。

矫正生理和心理同时处于紧张状态与各种不良反应的有效措施是：培养和锻炼员工的意志，提高员工的身体素质、应激素质和生产技能水平。定期进行医学检查和模拟突发性事件训练，增强员工在各种意外的紧急情况下，应付这种特殊体验的能力。

【例 4. 5-13】 开展有益于身心健康的各类体育活动；经常进行事故预想和反事故演习；做好每天工作前的危险点分析及预控措施；针对设备健康状况及运行方式、现场环境、气象条件等实际情况，组织生产人员研究制定突发性事件发生时的应急预案，不定期安排员工参加演练。通过这些有效措施，不仅能锻炼员工心理品质和生理协调功能，而且还可以培训员工在突发事故面前的应变能力。这样，可使事故的当事者能够保持良好的心理状态，做到临危不惧，正确、果断地处理事故。

（2）只将注意力集中于眼前的事物

1）只将注意力集中于眼前的事物导致行为失控的典型表现。

有的人被紧急情况吓得目瞪口呆、不知所措，这是突发性事故时常有的情况。人在异常状态时，特别是在发生意外事故危及生命安全时，在接受信息的瞬间时，首先反应的是眼睛能看到的直接事物或直接刺激引起的冲动。此时，有的人的认知平衡和心理平衡被突发事故打破，造成应激紊乱，对接受信息的方向性没有选择的能力，只能将注意力集中于眼前的事物之一。

【例 4. 5-14】 处理事故时只扑向一个地方，或只去救护触电者，却忘记拉开电源；或只知道报火警，却不去灭火；或只停止正在冒烟的发电机运行，却不马上启动备用发电机；或只操作某一个并不是关键的按钮，忘记规程条款，忘记操作程序，乱了手脚，顾此失彼。

这些都是事故发生时，人的不正常心理状态及自主行为失控表现。下面这个例子对矫正这种不良的心理状态及行为表现能有所启迪。例如，某变电站一名电气检修工，在更换铁塔顶部照明灯泡时，不慎触电，下面监护人员由于紧张，在没有采取任何防止高处坠落的措施情况下，只顾停电救人，结果发生坠落伤亡事故，人为使事故扩大。

2）矫正只将注意力集中于眼前事物的措施。

矫正在事故发生时，当事人只将注意集中在眼前的事物之一的有效方法是：经常开展安全心理学教育，让员工平时始终有一种健康的安全心理状态，随时保持处理突发性事故的心理与行为准备。企业应经常性地对全员进行岗位技能培训，开展背画系统图和安全防护知识竞赛活动，做好事故预想，危险点分析，制定事故情况下应急预案，针对某一阶段影响安全生产的突出问题，组织反事故演习。培养员工良好的心理素质和岗位操作技能，锻炼突发性事故时应激状态下的应变能力。

同时，开展人身意外伤害自救、互救技能训练。培训员工平时注意自己生活和工作的环境，尤其是安全逃生通道及安全救护设施所在的位置和现场各种救护器材的使用方法。并且，通过演练，在头脑中留有深刻的记忆。特别是电厂运行值班员和值班长，对运行系统图及其设备所在的具体位置，结合反事故演习，熟练地掌握。达到工作照明和事故照明都失去的情况下，也能处理事故的水平。安全心理素质培养和防护技能培训经验表明：正是由于员工头脑里平时总装有自己生活和工作空间设施、设备、系统的平面图，具有丰富的安全生产知识和娴熟的岗位技能。在突发性事故发生时，才不会吓得目瞪口呆、惊慌失措，大脑在接受突发事故信息的时刻，才能反映出多个方向、多种渠道 、多种方法，才会以从容的心态接受应激状态的特殊体验，应用业已掌握的生产技能和自救、互救知识，使事故化险为夷。

（3）自认倒霉，患得患失

1）责任者自认倒霉的心理活动。

当事故发生时，有的责任者不能够将企业的利益、国家利益放在第一位。而是，心里想怎样能使自己的责任小一点，个人的利益少受些损失。甚至，有许多事故的责任者在事故发生时心里可能还会想，“这下真倒霉，给我遇上了”“一切都完了！安全记录让我给砸了！同事们一定埋怨我，领导会批评我，企业会怎样处理我”，“能扣多少奖金、多少工资，会不会下岗，会给警告、记过处分，还是开除厂籍”。这些思想顾虑和“倒霉论”“患得患失”不良心理状态，会造成事故责任者处理事故时的思想障碍和情绪干扰，对现场处理事故非常不利。有了这种私心杂念和心理顾虑，也就必然会影响事故责任者果断、大胆、正确地去处理事故。结果，贻误了宝贵的事故处理时机，对处理事故造成不利的影响，扩大了事故损失的程度。

2）企业查找管理薄弱环节，对全员进行安全教育。

任何事故多数是发生在安全管理薄弱环节的部门；易于发生在安全思想不牢，心理状态不良，工作责任心不强，劳动纪律松弛，技术水平低，习惯性违章操作的员工身上。对全体员工进行安全法律法规、规章制度培训和事故教训教育，使其认识到事故的发生是自己平时安全思想不牢固；岗位安全责任意识不强；技术素质和反事故能力与岗位实际要求标准存在差距；人在岗位上值班而心里想着工作以外的事；情绪不是处于稳定的状态；注意力不够集中；习惯性违章等因素集合的必然结果。出了事故不能只强调客观原因，要认真自省自己主观的、内在的原因，矫正消极的心理，不怨天、不怨地，勇于正视事故现实，端正态度，树立企业利益、国家利益高于一切的全局观念和岗位安全责任意识，按现场规程要求进行每个步骤的操作，认真负责地处理事故。

事故并非是绝对的，安全是相对的。事故的发生受其本身质的原因和外部环境或条件的影响，安全薄弱环节是事故的"发源地""这下真倒霉，给我遇上了"是责任者不能正确处理事故重要的心理原因。通过安全心理教育，使员工认识到，已经发生的事故是不以人的意志为转移的客观存在。对于各类事故，必须正视它、研究它、控制它、减少它、转化它、消灭它。人处在事故过程中，由于生理原因的影响，大脑高度紧张，信息处理容易将注意只集中眼前的某一项操作上，造成误判断；由于心理反应受其私心杂念的影响，可能会造成对处理事故正确行为的干扰，事故时容易发生误处理。

3）矫正事故发生时责任者不良心理状态的措施。

针对事故发生时责任者自认为"倒霉""领导高抬贵手，处罚能否轻一点"，这种私心杂念和不良的心理状态。企业应加强员工的思想政治工作，以《中华人民共和国安全生产法》为依据、相关的安全工作规程为准绳，教育员工摆正"个人利益与单位利益""单位利益与企业利益""企业利益与国家利益"的关系；教育员工增强安全生产法律意识，贯彻执行岗位安全生产责任制，树立全局观念，克服私心杂念。从心灵深处查找自己出事故的思想根源；从发生事故的起因查找自己的安全思想不牢的主观原因和设备健康水平的客观原因；从发生事故操作上问题查找岗位技能薄弱点；从发生事故对系统的影响查找事故的相关原因；从发生事故造成的严重后果查找怎样吸取教训和采取的防范措施。坚持经常性的系统化"大安全"心理和典型事故案例教训的教育；科学地制定突发性事故应急预案；

更多地进行符合现场实际的反事故演习训练；每天的事故预想和危险点分析更加贴近生产工作；开展丰富多彩的体育活动等，是消除事故责任者生理上的紧张、注意的错位、心理品质降低的好方法。学习规章制度、明确岗位安全责任、加强安全法治观念，树立敢于负责的全局观念，是消除私心杂念和矫正“自认倒霉”心理的有效途径。只有责任到人，工作才能到位，才能正确地处理事故。

4.5.3　事故发生后责任者心理状态与矫正

（1）怕负责任的心理

1）怕负责任的心理存在于不同层面的人员。

有人出了事故以后，心理压力较大，思想不端正，怕负责任、怕扣工资和受处分。在事故调查分析会上叙述事故的起因和过程时避重就轻，强调客观。许多事故发生后，不仅事故当事人存在“怕负责任”心理，而且，一些事故单位的管理者，甚至是企业的领导干部也存在着一种“怕负责任”的心理，千方百计地减轻自己安全管理上的责任，不能实事求是按照“四不放过”（即事故原因未查清不放过，有关人员未受到教育不放过，整改措施未落实不放过，责任人员未处理不放过）的原则，进行调查、分析、处理事故。将纯属于人为责任的事故，硬说成是设备本身的事故，实在靠不上设备的人为责任事故，也不顾良知地将其主要责任定到已经因事故伤亡的员工身上。

【例 4.5-15】某电力安装公司调试所的部分人员工作马虎，责任心不强，在对一台 200MW 发电机进行交流耐压试验时，由于操作者与其他人员聊天，思想不集中，将电压表倍率放错，在对其设备施加高压的过程中，误加几倍于规程规定的电压值，造成线圈绝缘击穿，致使修复费用达几百万元 。就是这样一起重大人为责任事故，责任者存在“害怕下岗”的心理不承认自己误加了高压而说发电机定子线圈绝缘有缺陷，是设备本身的问题。结果，事故责任者没有受到事故教训的教育和得到应有的处罚，不仅损失了巨额资金，而且企业又没有吸取事故的真正教训，更没有制定有效防范措施。

“怕负责任”心理，不仅责任人有，一些企业领导者和管理人员也存在。

【例 4.5-16】某发电企业在生产现场起重作业时，由于施工负责人没有办理工作票，工作人员又没有布置好可靠的安全技术措施，使用的千斤顶放置角度不当，着力后倾斜，物件突然塌落，使在物件底部正在检查附属设备的一名工人当场砸死。在场的人员由于有“怕负责任”心理作怪，都没有真实地讲出事故的原因 ，单位领导也因事故后果严重怕负管理不善责任，在调查、分析事故原因时，将这起典型的工作人员违章作业和领导玩忽职守人为责任，竟然也认定是已经死亡的员工自身安全防护意识不强，没戴防护手套（实际与事故无因果关系），将其事故的主要责任落在死者身上。

还有一些事故由于管生产的直接管安全，特别是在事故调查、分析、处理和接受事故教训上，管生产的再去管事故处理，这种既管“运动员”又做“裁判员”的方式，就没有第三方（劳动安全监察机构）参加有说服力、有公正性。容易使事故责任人和事故单位领导者“怕负责任”的心理得逞；使事故的真正原因未能找准；使事故的教训未能吸取；使事故没能采取有效的防范措施；使事故的责任者和周围人员没有受到事故教训的教育；使事故的主要责任者和相关人员没有得到应有的处罚。

2）“怕负责任”心理诱导错误的做法。

上述列举的事故案例，由于一些事故的当事人、事故单位的管理者和领导者存在着“怕负责任”的心理，有的讲假话；有的向不会说话的设备和已经因事故身亡的死者身上推卸责任；有的事故责任者甚至为了掩饰过错，减轻事故的处理，拉关系走后门，找人说情，千方百计地脱离劳动安全监察部门监督。更有甚者置职业道德和安全法律、规章制度于不顾，法治观念淡薄，竟然破坏事故现场，弄虚作假，幻想蒙混过关，触犯了法律。这样，不但不利于事故原因的调查分析。而且，由于事故真正的原因未找准，所采取的防范措施就不对路，没能吸取事故的教训，很容易使同类事故重复发生。同时，也使得事故责任者和相关的管理者因妨碍事故调查受到从重处罚。

3）分析事故原因应坚持科学性。

客观地讲，参加事故调查分析人员不仅要掌握国家安全生产方针、政策、法律法规、规章制度，而且在事故调查分析人员当中要有懂专业技术的专家。如果当事故当事人想隐瞒事实时，事故调查分析人员是可以采取科学的技术手段分析出这些错误做法的。结果“怕负责任”的不良心理，促成错误的做法，导致错误的性质和后果更为严重。最后，只能是加重对事故责任者的处理。教训可以使当事人懂得，事故既然发生，就应该正视事故，消除“怕负责任”的心理，实事求是地讲清有关事故的一切情况。

另外，也应有一种敢于正视现实、勇于负责的精神，吸取教训，加强学习，不断地提高自己的思想素质、技术水平和安全法律意识。认清“怕负责任”的心理，为事故调查、分析、处理所带来的危害。

4）矫正“怕负责任”心理的措施。

矫正“怕负责任”心理的关键，是纠正事故发生后责任者及相关人员头脑里的“私心杂念”。在实际操作，对于事故的责任者及相关人员存在的“怕负责任”的不良心理，事故调查人员和安全监督部门的领导者，应首先对事故责任者做好放下包袱的思想政治工作，消除“怕负责任”的心理顾虑，让其实事求是地讲出事故发生前系统运行方式，事故当时的各种表象和仪表指示数值以及事故发生后检查与处理事故的全部过程。

另外，要注意结合有些事故当事人的心理问题和错误行为的严重性，对其本人进行心理救援和职业道德、规章制度、安全法制教育，摆正个人、家庭、企业和国家利益的关系，并增强责任感，使其以正确的态度对待处理，深切明白：发生事故承担责任是必然的因果关系。认识到自己受处罚是小事，企业、国家利益蒙受损失是大事，勇于正视事故，将“怕负责”转化为“敢于负责”，这才是积极的、正确的认识，将深刻的事故教训转化为今后工作学习上的动力。不断提高预防事故的警觉性与注意力，增强主人翁意识、岗位责任感，保持良好的心理状态。既要吸取教训，更要振奋精神，努力做好本职工作。

（2）事故难免心理

1）事故责任者盲目地安慰自己。

有人出了事故总想推卸责任，自己安慰自己，认为事故是难免的，搞生产的没有不出事故的。要领导不要大惊小怪，小题大做，不必追根究底。或者，拿别人与自己比，强调别人不也是出过事故吗？而且事故比我出的还大，何必说我呢。按照他的逻辑，彼此彼此，不必认真追究。

2）分析事故难免心理的危害性。

为预防事故的发生，用已经学习的安全心理学知识和现代安全管理的理论分析，认为“事故难免论”是一种极其危险的、消极的、悲观的论点，更是各类事故的保护伞。在生产发生事故时，它的具体表现是盲目地安慰自己。这种论点对加强安全生产管理、强化安全技术教育培训、搞好危险点分析、安全性评价、岗位安全责任制和各种规章制度的贯彻执行，以及制定岗位工作标准和落实各项反事故措施等都有很大的影响，特别是对避免类似事故再次发生留下隐患。所以，这种不良的心理、消极的情绪、错误的论点要不得，必须对其进行严肃的批评教育，帮助事故责任者矫正“事故难免”心理。否则，由于不负责任的“自慰”而没有吸取事故教训，更没有摒弃“事故难免”错误心理，辩证地看待事故的可能性和现实性，探寻预防事故的有效方法，根据不健康心理是诱发事故行为，而导致各类责任事故内在的关键性原因，采取科学的预控事故心理的措施，势必有朝一日还会酿成人因事故。

3）矫正事故难免的心理措施。

针对“事故难免”这种不良的心理，企业要深入贯彻“安全第一，预防为主，综合治理”方针，对员工开展“常在河边站，就是不湿鞋”安全警示教育，是对事故发生后盲目地安慰自己和有“事故难免”心理的员工最有效的心理矫正。

认真贯彻执行相关安全工作规程和规章制度，落实安全生产责任制，结合生产实际和不同时期员工的心理状态，有针对性地进行反各种习惯性违章、危险点分析、安全性评价及安全生产知识培训，是矫正“事故难免论”最有效的工作方法；学习贯彻好《中华人民共和国安全生产法》、强化安全生产法规和岗位责任意识，是矫正“事故难免论”的最有利的法律武器；学习典型事故案例和事故通报，观看事故录像、举办事故照片图览等，是吸取事故教训，矫正事故责任者不良心理的反面教材；表扬和奖励安全生产中认真负责、爱岗敬业、遵章守纪、安全生产无差错好的典型是矫正“事故难免论”的动力措施。

① 辩证认识事故的难免性和可免性。

通过安全心理和安全法律、规章制度教育，要让事故责任者对于自己发生的事故，在思想上进行一次深刻反省，并能按照事物的客观规律办事，充分相信科学，正确认识世界上除 2%的人类不可抗拒的自然灾害事故外（如地震、洪水、火山喷发、飓风、冰雹等）。通过人们的不懈努力，事故统计中有 98 %事故发生的概率都应当可以预防，任何隐患都应当可以控制。克服“事故难免论”，辩证认识事故的难免性和可免性。世界上的事物无不具有两重性，事故同样也具有两重性。

对一定的时期、一定的对象来说，事故是可以避免的，或者说是可以赢得相当长的安全生产周期。由此，企业员工应该树立安全生产“预防为主”的思想。建立正确的安全理念，即某一物质、某一生产过程的安全生产规律是可以认识的；现代科学技术和管理手段是有办法预防事故发生的。

② 不降低安全管理与防止事故措施的标准。

只要心理健康、安全意识强、思想端正、敢于负责、爱岗敬业、措施得力、责任落实、工作到位、坚持不懈，那么各种人为责任事故是可以避免的。从这个意义上说，上级安全生产主管部门提出“重大事故为零”，或者说“杜绝人身死亡和重大火灾、爆炸等事故”的说法是现实的、正确的、可行的，这个提法代表了一种积极进取、不畏困难与事故斗争意志力和具有时代特征的精神状态。这一精神力量，可以转化为与事故作斗争的物质力量。从以往的那种搞生产就避免不了出事故消极的、片面的心理误区中解脱出来，不轻易降低自己对安全生产工作的要求标准，严于律己，以积极的态度定势，多看人家的优点和长处，克服自己身上的不足之处。从自己的每一项操作、每一个动作做起，把贯彻执行相关安全工作规程变成自己在安全生产工作中的自觉行动，只有做到这些，才能矫正“事故难免”心理，增强安全生产责任感和工作主动性，才会避免事故的发生。

（3）怕井绳心理

1）怕井绳心理的危害性。

事故发生后，有些企业不只是责任者，包括一些与事故有关的员工和领导者也缺乏战胜挫折信心，表现为畏惧、气馁、萎靡、焦虑等消极情绪特征，存在着不同程度“胆小怕事，草木皆兵”的害怕心理。正所谓“一朝被蛇咬，十年怕井绳”。此时，有的领导者对日常该派的工作也不敢派，该进行的生产活动也停止。还有的员工在工作中抱着“多一事不如少一事”的缩手缩脚态度，责任者本人还可能提出要求调换工作等。甚至，还有的责任者发生人身伤亡事故后，一看到事故现场就害怕紧张。

【例 4.5-17】某电厂电气 6kV 母线停电清扫预试。由于继电人员对备用电源系统不清楚，工作负责人误入带电油断路器小间，触电死亡，又因电源未切断，致使尸体起火。当时在现场的其他班组检修人员都看到了这个惨状。事故后连续数日，许多生产人员不敢再进入母线室工作 ，甚至有的班长也不敢再进入曾发生过事故的现场，影响了工作。

这些畏惧的心理状态和行为表现，是可以理解的，但是不可取的。它不是知难而上的积极、正确、实事求是的态度。如果，不尽快恢复到平常的心理状态。长时间存在这种害怕心理，不仅会影响完成正常的生产工作，而且还会发生其他安全问题。所以，对发生事故后一些员工存在的“怕井绳”不良心理，应及时给予有效的心理矫正。

2）怕井绳不良心理的矫正措施。

企业出了事故虽然可怕，但更可怕的是花了“血本”买不来教训。正确的态度和做法是提高责任者对事故教训的认识，尽快摆脱事故阴影，加强不怕困难、勇于进取心理素质的培养，锻炼员工在事故挫折的情况下，心理对失败和挫折的承受能力，不能因为出了安全事故，产生害怕心理，影响生产工作。

常采取的措施，如，让员工通过参加反事故演习、事故预想、安全生产知识竞赛等活动和参观事故现场。使自己能够在心里害怕、草木皆兵紧张的状态中，尽快地解脱出来。企业应及时鼓舞士气，变坏事为安全警示教育最直接 、最有刺激性和最有影响力的生动课堂 ，以典型事故教训，教育更多的员工提高认识，积累经验和吸取事故教训，树立敢于面对事故、改正缺点和错误的信心和勇气。变教训为动力，使安全“警钟长鸣”，做好今后的安全生产工作。

(4)“近因效应 ”心理

1）事故产生“近因效应”。

任何企业或单位，每当事故发生后，尤其是人身伤亡事故，可能迅速带来社会冲击力，成为备受关注的公共事件，必然会对周围人心理产生不可低估的影响，由于员工的思想情绪波动大，往往会产生低沉、恐惧的心理，心理学称“近因效应”。

2）“近因效应”的影响作用。

一方面它能提醒人们注意安全；另一方面也往往使人产生心理的负担和恐惧，工作中情绪消沉，过于谨小慎微，甚至在一段时间内不敢工作了，怕历史的悲剧会在自己的手下重演。特别是事故发生后，单位的领导在处理事故和恢复生产过程中，既要抓正常设备运行，又要抓损坏设备抢修和事故分析，还要关心伤员的抢救和对其家属的抚慰，所以精力极容易分散。故此，这段时间企业安全生产的管理者和生产一线的员工，对安全生产就自然会超常“加压”，使得安全生产之弦绷得过紧，在“近因效应”的影响下，一些单位领导自己往往还会卷入违章指挥、冒险作业中去，给安全生产造成新的威胁。由于员工的心理恐慌、情绪波动，领导者的冒险、违章指挥等不良心理因素与失控行为增多，很容易连续发生事故，平时人们常讲的“祸不单行”的实质就是这个原因。

3）解决“近因效应”引起的不良心理及影响的措施。

① 在重大设备损坏或人身伤害事故发生后的思想政治工作，应以稳

定员工的思想情绪为重点。要稳定好事故现场员工的思想情绪和做好受到事故伤害的员工及家属的抚慰工作，并采取充满人文关怀的相应保障措施。企业生产事故的突发性，会使在现场的各方面人员，尤其是有些经验不足的年轻的领导，一时大脑发懵，思维受到抑制，甚至影响分析与判断能力，情绪急躁，动作慌乱。

② 作为领导干部，不仅在事故发生后自己要保持镇静的情绪以感染他人，还要在现场适度的抑制紧张氛围及时提醒有关负责人、值班员和其他生产人员，继续各负其责，各司其职，并按照职责及规章制度程序正确处理可能出现的其他紧急情况。

要稳定全厂员工波动的思想情绪，行政领导和思想政治工作者在事故善后调查、分析、处理过程中要注意发挥思想政治工作的特有功能，及时矫正员工因“近因效应”产生的不良心理状态，调节好员工的思想情绪，为企业安全生产保驾护航。

(5) 隐瞒事故心理

1) 事故相关责任人员隐瞒心理及错误做法。

当企业发生了设备损坏或人身伤害事故后，一些事故的责任者，甚至是企业的领导，存在着一种“害怕处分，隐瞒事故”的错误心理。

【例4.5-18】2001年7月17日，发生在广西壮族自治区某煤矿“7·17”特大透水事故，造成81名矿工死亡。透水事故的严重性和恶劣性，不仅在于事故造成的死难者多，还在于瞒报！事故的责任者，包括县委书记、县长和地区党政一些主要领导，都与事故责任者矿主、不法势力勾结，共同参与瞒报！

由于这些人害怕因发生事故，会给自己带来处分、撤职和追究刑事责任。在“自私”“害怕”的心理支配下，置安全生产法律、员工利益于不顾，采取了错误的行为——隐瞒！他们在人命关天的时刻，竟把自身的利益放在第一位，丧失了职业道德，创造了现代特大事故瞒报的纪录。

2) 隐瞒事故后果的严重性。

任何事故的发生，想隐瞒是瞒不住的，“纸是包不住火的”，这是任何人都懂得的基本常识。法网恢恢，疏而不漏，广西某煤矿特大事故隐瞒不报的责任者和有关人员，分别受到更为严厉的处分，以至追究刑事责任的深刻教训，不能不震撼那些只因为害怕处理，隐瞒事故的责任者和领导者，应该觉醒并站在讲政治的高度和对人民群众生命安全高度负责的良知来认识隐瞒事故后果的严重性，“害怕处分，隐瞒事故”的心理要不得。

因为，现代的科技手段对造成事故的原因是能够分析清楚的，任何单位或个人在发生事故后，不按规定的时间内和程序汇报上级主管部门，甚至编造谎言、隐瞒事故的责任人员，必将受到良知的谴责和更加严厉的处罚。

3）矫正“害怕处分，隐瞒事故”错误心理的有效措施。

站在讲政治的高度，关心人民群众的根本利益，教育员工注重安全、珍惜生命，实事求是、不讲假话；对事故的责任者和与事故有关的领导者进行安全法律、规章制度、职业道德、岗位安全责任的教育；隐瞒事故会受到更为严厉的处分，甚至追究刑事责任典型案例的警示教育；不断提高他们的心理素质、政治觉悟、全局观念、职业道德修养及安全生产法律责任意识，按事故调查程序的要求，不隐瞒事故，及时上报并吸取教训，放下思想包袱，主动讲清事故情况，接受事故调查与处理，做好以后的安全生产工作。

（6）大事化小，小事化了心理

1）大事化小，小事化了不良心理的做法是最大的安全隐患。

每当发生事故后，无论是责任者，还是领导者，心理压力都很大，这是人的正常心理反应。如果平时思想政治素质低，岗位安全责任意识较差的管理者和事故责任者，很容易产生一种“大事化小，小事化了”的不良心理，甚至采取拉关系、走后门“摆平”事故的错误做法或对事故的处理轻描淡写，轻者批评教育，重者扣几个月的奖金。结果，事故责任者和周围的员工没有受到教育，特别是事故责任者没有深刻地吸取教训，发生事故的单位对人身和设备也没能采取可靠的防范措施，为以后的安全生产埋下隐患。

2）大事化小，小事化了的危害性。

任何事物都有它的必然的因果关系，大的事故都是由小的差错积累的。在调查、分析事故时，还有的企业发生了事故以后，责任者抱怨是由于抢进度，积极主动找活干的“好心”所造成，动机是好的，基层的单位领导也找安全监督部门说情，以求“大事化小，小事化了”。

【例 4.5-19】某电力设施安装单位一名机械设备检修班班长为抢工期，班长不是电工，在专职电工到现场之前，违章私自处理电气回路故障，不幸触电身亡。这起严重的事故，能只是说动机是好的、就不看人员伤亡的严重后果吗？也能通过说情将“大事化小，小事化了”吗？“大事化小，小事化了”，是一种极其严重的对个人、家庭、企业及国家利益不负责的行为；也是企业习惯性违章行为屡禁不止，事故不断根源所在；更是安全法制观念淡薄，岗位责任意识不强的表现。从安全管理客观实际出发，这种意识制约企业的安全生产。

3）解决此类问题的有效手段。

安全生产法律法规是调查、分析、处理事故的法律依据；相关安全工作规程和岗位安全生产责任制是衡量安全生产作业行为的准绳；严格遵守规程制度及安全责任感教育是矫正“大事化小，小事化了”不良心理的重要手段。针对安全生产存在的问题，从人的动机入手，实事求是地分析处理常发生的一些习惯性违章行为，比如，无票作业或操作；不正确佩戴和使用劳动防护用品；使用携带式电动工具不接漏电保护器；工作前不进行危险点分析和安全技术交底盲目行事；饮酒后上岗作业；运行许可人与检修工作负责人不到工作现场履行开工或竣工程序；起重机械作业吊物下面站人；特种作业人员无证上岗；金属容器内作业无人监护；使用未经检验合格的仪表、仪器、工器具；倒闸操作不执行复诵制；转动设备未停稳就开始进行检修作业等。

上述这些看起来都是常见的违章行为，暴露出安全监督机制虽健全，但执行起来往往力度不够。企业若要实现安全生产目标，就必须从纠正这些习惯性违章行为抓起，要“小题大做”。因为，许多事故就是由于这些习惯性违章行为所引起的，为保证安全生产，应从这些小事抓起，才会使企业安全大厦夯实基础。

【例 4.5-20】某发电企业生产厂房有一处漏雨水，做防水浇沥青的施工人员认为活简单，一会就干完了，没有办理明火工作票，便在厂房下面点火熔化沥青，正巧被厂领导看见，当即下令停止工作，到安全监理处交罚款，补办明火工作票后再施工，不一会施工队的队长来找厂领导说情，“小事化了”，今后注意就是了。这位厂领导不但没给面子，而且在生产调度会上“小题大做”，公开曝光了这起违章作业和施工队长求情的错误做法，严肃指出，明火作业点不远处就是个制氧站，一旦火星飘落到那里，可能会引起制氧站爆炸起火的重大火灾事故。安全生产无小事，该领导要求在全企业范围内以此事件进行一次专题大讨论。正是由于从各种习惯性违章行为抓起和“大事不能化小，小事不能化了”，安全生产坚持从严管理“小题大做”的工作方法，才使该企业连续保持 30 年安全生产无事故。

4）解决大事化小、小事化了的措施。

安全管理经验证明：从抓习惯性违章“小事”入手，从分析不安全行为容易发生严重事故的后果，震撼员工的心灵，按照对待事故“四不放过”的原则和采取的“抓小事”“小题大做”的工作方法，是矫正“大事化小，小事化了”不良心理和违章行为的有效方法。这一点，对于事故单位和责任者查找事故原因，吸取事故教训，不再发生类似事故，更为重要。

① 事故发生后，责任者及相关人员心理状态特征分析。

发生事故后，事故的责任者和相关的领导者，应客观地正视事故的现实，矫正“怕负责任”的不良心理，正确对待自己所应该承担的责任。不能认为事故难免，盲目地自我安慰，要努力锻炼自己对挫折和事故的心理承受能力。对于事故产生的“近因效应”的负面影响，及时进行自我心理疏导，抑制情绪波动。事故是客观的现实，应正确地、实事求是地按照事故呈报的程序及时上报，不得隐瞒，有意隐瞒事故是违法行为。唯物主义观点主张动机和效果的一致性，安全生产实践告诉人们：事故的症结就是，有章不循、有令不行、有禁不止、劳动纪律松弛及安全管理“苍白无力”，岗位安全责任制落实不到位。为吸取教训，杜绝事故的发生。企业应依法严格管理，认真落实“三级”岗位安全生产责任制，加大安全生产奖励与考核力度。从“小事”抓起，对威胁安全的违章行为要“小题大做”。在严肃处理事故责任者的同时，教育员工正确对待挫折，矫正影响安全生产的心理问题，自觉履行《中华人民共和国安全生产法》赋予从业人员的权利与义务，严格遵守规程制度，正确处理好“安全与生产”“安全与效益”的关系，针对自己所管辖的设备精心维护及时消缺，树立“安全就是效益、安全就是信誉、安全就是竞争力”，合乎市场经济规律的安全新理念，以讲政治的高度重视安全生产。

② 揭示事故发生前后及过程中责任者心理原因与开发安全心理“软件”。

根据事故发生前后及过程中责任者心理问题的分析，可揭示出责任者不良心理状态原因和表现，理智自控能力降低，违章行为增多，甚至发生性质严重的错误做法。指出责任者心理问题，对安全生产和事故处理产生较大的负面影响，尤其在调查、分析、处理事故环节上产生不容忽视的干扰作用，企业安全生产事故教训证明：事故发生前后及过程中责任者的心理问题，在事故致因中占有重要的地位，是属于各类责任事故深层次多种原因的关键性因素。为实现安全生产目标，深刻吸取人因事故教训的有效措施是完善安全生产责任制度，依照安全法律法规、规章制度从严管理的同时，还应掌握安全心理学知识，对于企业员工个体的气质、性格特征差异较大的群体，结合安全思想教育，培养优秀心理品质，及时矫正不健康的心理状态，针对企业决策者、车间执行者、班组操作者安全生产中所承担的责任，进行安全职责和马克思主义政治经济学有关价值、价值观、价值规律知识培训，提升对个人价值取向的认识，正确审视自己的心理活动和行为表现，扩展安全思维空间，增强理智感、责任感和行为约束力，对于安全生产中发生的矛盾或实际工作内容，做好心理疏导和“三级控制”，使安全心理学科学地、广泛地、有效地应用于安全生产和各项管理工作中，就会在各种环境或条件下，准确把握员工的思想脉搏和心理活动规律，及时化解工作中出现的矛盾或问题，凝聚企业向心力，激发员工安全心理，减少指挥失误、操作错误，开发好员工“安全心理”这个重要软件，解放生产力，不断提高企业管理水平，真正让员工将安全生产法律、法规和规程制度，在安全生产领域得到贯彻落实，保证企业的安全生产。

4.5.4　各种心理特性对人的行为作用

根据人的心理的特性，研究劳动者对自身安全和集体安全问题上的心理活动，可以及时发现人的不安全行为及其心理状态，以便采取补救措施，从心理学的角度防止各类事故的发生。

（1）自卫心理

每个人都有害怕被伤害的自卫心理，这是一种强烈而普遍的心理特性。经历过事故的人或事故的受伤害者，一般自卫心理很强，安全意识很高。而对于没有事故经验的人自卫心理就要差一些，提高这些人的自卫心理对于安全是必要的。

（2）人道心理

人们普遍不愿意看到血淋淋的场面，希望他人少受伤害是人们广泛具有的心理。挖掘和利用这一心理特性，可以减少人们的违章，增加团体的合作。

（3）荣誉心理

受到人们对自己工作的肯定和赞许一般人都会产生满足感，利用好这样的心理特性，可以有力地调动人们对安全工作的积极性。

（4）责任心理

责任心理是指人们认清自己义务的心理特性，责任心理因人而异，责任心理强的人可增加其在安全工作中所负的责任，担负起重要的工作。

（5）自尊心理

自尊心理来自人们对自己价值的认识。对员工的违章行为适当地进行批评或公开曝光，可以激发起他们的自尊心，认识到自己的错误，从而改变不良行为。

（6）从众心理

由于人们都或多或少具有从众心理，害怕被孤立，因此，不可以将有违章习惯的人组织在一个团体中，而应该予以分散，让违章者在团体中永远属于极少数，违章者自己就会受到遵章守纪者的影响而改变自己的习惯。

（7）恐惧心理

恐惧心理是人们对危险所作出的心理反应。在恐惧心理的作用下，人们对危险总会本能地做出一定的行为反应，而这种行为是恐惧心理的自发结果，集中表现了人们对于安全的需要。面对危险，人们总是小心翼翼，注意力高度集中。恐惧心理对于防范事故的发生，作用是显著的。

人的各种心理的特性基本上每个人都有，作为管理者，要善于利用人的心理特性，为安全工作所用。

4.5.5 易发生事故的心理

（1）违章作业的“大胆人”

这种人在工作中存在一种侥幸心态；他有两个特点：1）不是不懂安全操作规程，缺乏安全知识，技术水平不低，而是“明知故犯”。2）违章不一定出事，出事不一定伤人，伤人不一定伤己。

（2）冒险蛮干的“危险人”

这种人的心态是争强好胜，是一种“逞能心理”主要表现为两个特点：1）争强好胜，积极表现自己，能力不强但自信心过强，不思后果、蛮干冒险作业。2）长时间做相同冒险的事，无任何防护，终有一失。

（3）冒失莽撞的“勇敢人”

这是一种冒险心理，它是引起违章操作的重要心理原因之一。在实际工作中分两种情况：1）理智性冒险，明知山有虎，偏向虎山行。2）非理智性冒险，受激情的驱使，有强烈的虚荣心，怕丢面子。硬充大胆。

（4）是盲目听从指挥的“糊涂人”

这是一种从众心理，是指个人在群体中由于实际存在的或头脑中想象到的社会压力与群体压力，而在知觉、判断、信念以及行为上表现出与群体中大多数人一致的现象。表现有两个方面：1）自觉从众，心悦诚服、甘心情愿与大家一致违章。2）被迫从众，表面上跟着走，心理反感。

（5）吊儿郎当的“马虎人”

这是一种麻痹心理，麻痹大意是造成事故的主要心理因素之一。行为上表现为马马虎虎，大大咧咧，口是心非。盲目自信。1）盲目相信自己的以往经验，认为技术过得硬，保准出不了问题（以老同仁居多）。2）以往成功经验或习惯的强化，多次做也无问题。我行我素。3）个性因素，一贯松松垮垮，不求甚解的性格特征。自以为绝对安全。

（6）盲目侥幸的“麻痹人”

这是一种习惯心理，由于一些习惯行为造成人的麻痹行为。正确的习惯性动作对于常规性正常工况下的作业是有效的。但在异常工况下，就可能受习惯性心理的作用，而忽视异常工况下才出现的特殊信息而造成失误和不安全行为，造成盲目侥幸行为。

（7）满不在乎的“粗心人”

这是一种无所谓心理，表现为遵章或违章心不在焉，满不在乎。主要有三个特点：1）本人根本没意识到危险的存在，认为章程是领导用来卡人的。2）对安全问题谈起来重要，干起来次要，比起来不要，不把安全规定放眼里。3）认为违章是必要的，不违章就干不成活。

（8）投机取巧的“大能人”

这是一种逆反心理，是一种无视社会规范或管理制度的对抗性心理状态，一般在行为上表现“你让我这样，我偏要那样、越不许干，我越要干”等特征。

（9）凑凑合合的“懒惰人”

这是一种惰性心理，也称为“节能心理”，是指在作业中尽量减少能量支出，能省力便省力，能将就凑合就将就凑合的一种心理状态，也是懒惰行为的心理依据。表现在：1）干活图省事，嫌麻烦。2）节省时间，得过且过。

（10）急于求成的“草率人”

这是一种求快心理，有这种心理的人具有一种任务感，竭力尽快先找某个目标或完成某个指标任务而不够冷静，不能全面感知、评价整个系统的即时状态而酿成事故。

（11）心神不定的“好奇人”

这是一种好奇心理，好奇心人皆有之。是对外界新异刺激的一种反应。以前未见过，感觉很新鲜，乱摸乱动，是一些设备处于不安全状态，而影响自身或他人的安全。因周围发生的事影响正常操作，造成违章事故。

（12）手忙脚乱的“急”性人

这是一种紧张心理，当发生某些突发事件或非常规事件时，这些突然而又强烈的刺激会引起严重的心理紧张，一般还伴有作业量的突然增加，作业时间紧迫，因而使大脑歪曲感知信息而陷入混乱，能力下降，造成事故或扩大事故。

（13）固执己见的“怪僻人”

这是一种经验心理，单纯凭自己的直接经验，认为违章不会出事故，或者认为某项安全规定是庸人自扰，根本不必要，不知道违章的危险性。

（14）休息不好，身体欠佳的“疲惫人”

这是一种心理疲劳。疲劳是由于生活劳累、工作紧张、缺少休息和睡眠、营养不良、精神压力等原因而引起的生理心理反应现象。所表现为四肢无力、注意力不集中、感知不清晰、动作紊乱失调、记忆和思维障碍、情绪低落、意志衰退等症状。疲劳不仅会危及身心健康，还会降低工作效率，引发事故。

（15）变换工种的“换行人”

这不是一种心理因素，但在具体工作中，由于变换工种而具有许多种前述的心理因素，如从众心理、紧张心理、好奇心理等。

（16）初出茅庐的“年轻人”

这种人和“换行人”有相同点，也有不同点，“换行人”有工作经验，而“年轻人”没有工作经验，更多地表现在好奇心理上。

第5章 员工的安全心理测评

随着社会的进步，社会化大生产的分工越来越细，作为劳动的主体：人在生产中的作用越来越被重视。为了实现将合适的人放在合适的岗位上，使其发挥出其应有的作用，就必须运用各种科学的方式方法。由此，心理测评技术在人力资源管理中的作用日渐凸显。心理测评技术经过漫长的发展，已经科学化、规范化，被越来越多的企业、组织、机构采用，用来选拔人才，实现最佳的能岗匹配。我国的心理测评技术相较于西方国家还欠缺许多，非常需要适合国情和企业特点的国有自主品牌的心理测评量表和心理测评技术以及相关人才，努力克服心理测评技术在应用中的许多不足，实现心理测评技术在人力资源管理招聘中的积极应用。

5.1 心理测评简述

心理测评是一种比较先进的测试方法，它是指通过一系列手段，将人的某些心理特征数量化，来衡量个体心理因素水平和个体心理差异的一种科学测量方法。按测评的内容、对象特点、表现形式、目的、时间、要求等分为若干种类。主要是各机关、企业、组织等用来选拔人才、安置岗位，以及对一个人进行诊断、评价、辅助咨询的一种手段，它包含能力测试、人格测试和兴趣测试等。

心理学中的心理测评是很重要的，可以综合评价人的各方面素质，可以对被测评人有一个全面的认识。现在心理测评正发挥着越来越重要的作用：

（1）选拔人才：职业测验在国外的应用非常广泛。在专业性较强的领域，要有特殊才能的人才能胜任，需要通过心理测量来选拔专业人才。

（2）人员安置：主要在教育、职业选择方面的应用。如对已入学的学生要因材施教，对部队的战士要按特长分配兵种，按工人的能力分配不同的工作，均需要心理测量来辅助，让人才更好地得到利用和发挥作用。

（3）诊断疾病：在医学上，对各种疾病，尤其是慢性疾病的预防和治疗；精神疾病的诊断和治疗；儿童发育状况的评定等。

（4）预测和评估：包括心理健康状况的预测和评估，创造能力的评估和预测，专业成就的预测、新环境的适应能力预测和评估等。

（5）心理咨询和治疗：探讨来咨询者的心理特点及潜在的心理困扰，以便开展针对性的心理辅导和治疗。

（6）科学研究：搜集资料，建立或检验假说。

心理测评可以评价个体在学习或能力上的差异，人格的特点以及相对长处和弱点，评价儿童已达到的发展阶段等。

心理测评可以了解个体的能力、人格和心理健康等心理特征，从而为因材施教或人尽其才提供依据。

心理测评在社会生活中的意义：

（1）描述。心理测评可以从个体的智力、能力倾向、创造力、人格、心理健康等各方面对个体进行全面的描述，说明个体的心理特性和行为。

（2）诊断。心理测评可以对同一个人的不同心理特征间的差异进行比较，从而确定其相对优势和不足，发现行为变化的原因，为决策提供信息。

（3）预测。心理测评可以确定个体间的差异，并由此来预测不同的个体在将来的活动中可能出现的差别，或推测个体在某个领域未来成功的可能性。

（4）评价。心理测评可以评价个体在学习或能力上的差异，人格的特点以及相对长处和弱点，评价儿童已达到的发展阶段等。

（5）选拔。心理测评的结果可以为客观、全面、科学、定量化地选拔人才提供依据。因为它可以预测个体从事某种活动的适宜性，进而提高人才选拔的效率与准确性。如美国自从 1942 年制定了飞行员的选拔量表以后，使飞行员的淘汰率由 65％下降到 36％。

（6）安置。心理测评可以了解个体的能力、人格和心理健康等心理特征，从而为因材施教或人尽其才提供依据。如学校可以依据学生的能力水平分班分组，部队可以依据每个人的特长分配兵种，企业可以将职员安置到与其能力、人格相匹配的部门等。

（7）咨询。心理测评可以为学校的升学就业咨询提供参考，帮助学生了解自己的能力倾向和人格特征，确定最有可能成功的专业或职业，进而作出最佳选择。心理测评可以为心理咨询或治疗提供参考，帮助人们查明心理问题、障碍或疾病的表现及其原因，进而有针对性地给予心理辅导、咨询或治疗。

在安全生产中，事故隐患的界定是：人的不安全行为以及物的不安全状态。我国预防生产安全事故时，在物的方面，主要考虑的是生产设备、现场环境等客观的物的因素；在人的方面，主要考虑的是制度、法规、流程方面，以强制性的方式来限制从业人员的不安全行为，以减少事故。但是人的心理因素却直接或者间接影响着人的行为，人的行为有时直接或间接地影响着物的状态。在我国安全生产领域，有两类人群：执法者和执法对象。执法者面对多项安全隐患的检查，面对国家严苛的问责机制，面对保障人民生命财产安全的使命，在工作中精神高度紧张、焦虑困惑突出、心里过度疲劳，易产生严重的安全心理障碍。执法对象是多个企业（尤其是高危行业企业）、企业的从业者等，他们面对的是高强度甚至是超强度的劳动，面对的是高危险的行业特性，面对的是艰苦的工作环境，这些会让他们易受情绪影响思想不能集中，心理上的紧张疲惫导致控制能力下降，心理遭受创伤复原能力。

由政府部门出台相关政策法规，要求在选拔安全生产从业人员时，必须进行专业的心理评测，专业的测评机构必须作为独立机构实施测评，提供结果报告。而对于已经是安全生产从业者的人员必须定期接受心理评测及心理障碍跟踪，对发现的有严重心理障碍甚至是心理疾病的从业人员，应当对其进行强制的心理干预治疗。

当然在整个安全生产领域已经有了不少对心理因素的研究，可是这些研究都停留在了一般的分析阶段，未能进行更深入的研究，更不用说运用实际。不过不可否认的是，未来心理因素的影响或将成为全社会面临的一个隐患。

5.1.1 心理测评体系建立指标

人的安全行为能力在行为产生过程中显现，行为产生过程为安全行为能力分析提供了一条逻辑清晰的分析路径。人的行为产生过程通常分两种模式，一是生理学行为模式：外部刺激—肌体感受—大脑判断—行为反应—目标达到；二是心理学行为模式：需要—动机—行为—目标实现—新的需要。基于这两种模式，得出行为产生及安全行为能力因素分析过程如图5-1所示。

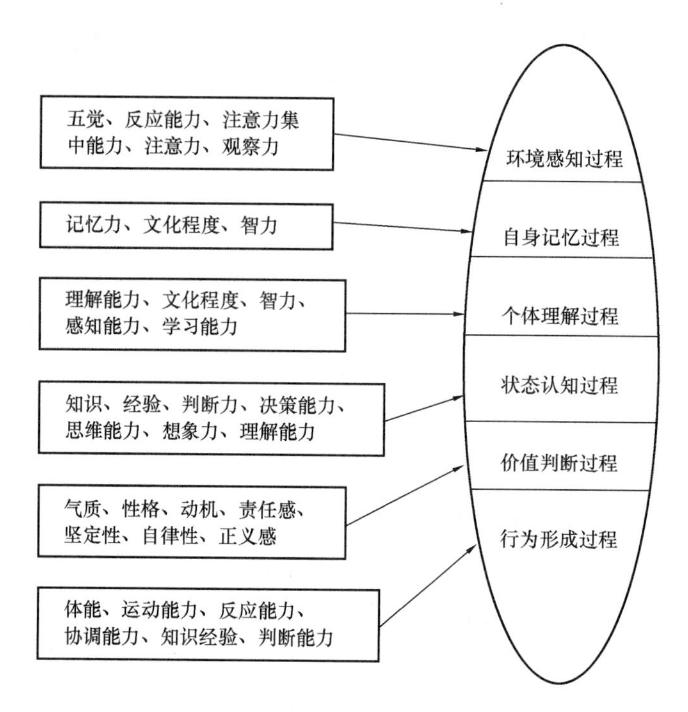

图 5-1　安全行为能力分析图

在燃气行业，从业人员既是生产的执行者，同时也是燃气安全的保证者。燃气行业作业人员必须具备一定的心理、生理素质和稳定的情绪，在智力、性格、注意力和反应速度上达到一定水平，才能胜任工作。

根据燃气行业发生的事故类型，可以总结出在整个工作作业过程当中，作业人员需要具有的生理心理特点：

（1）对意外事件保持镇定，反应迅速、处理果断。

（2）长时间从事操作工作，而不降低工作质量和要求，因此需具有一定的抗疲劳能力。

（3）视觉、听觉等灵敏度良好，有较好的动作协调及多通道信息加工处理能力。

（4）注意力集中。

（5）逻辑思维能力较强而迅速。

（6）敏锐感觉速度、距离、时间，并准确判断。

（7）在长时间阴暗、湿冷环境下工作适应。

（8）自我控制、调整能力强，可适应在各个时间段下班后充分休息，体力、智力恢复快，责任心强，无侥幸心理和冒险心理等行为倾向，以保证随时自我激励，维持意识清醒程度较高。

（9）责任感强，不会为省时省力而违章作业。

（10）心理调节能力强，不会因为生活中的不愉快而影响工作。

表5-1为人的不安全行为产生因素。

人为不安全行为产生因素　　表5-1

案例序号	不安全行为	安全行为能力因素
案例1	在岗睡觉、未停机清煤	疲劳、注意力不集中、缺少安全知识、缺少判断能力
案例2	违规购买和储藏炸药、矿领导人事发后逃逸	安全意识缺乏、责任感不强、压力承受能力差、缺少决策能力
案例3	未采取电焊防护措施、未及时报警并通知人员离开	缺少安全知识和技能、生性易紧张、缺少果断性、缺少责任感
案例4	未挂保险销就发出信号	粗心大意、责任感不强、安全知识不足
案例5	图方便，跨上锚链刮板运输机槽箱走向工作岗位	感知、判断能力不足、反应能力不足、生性易紧张
案例6	未采购质量合格管道	安全意识缺乏、动机不纯、责任感不强

明确了安全行为能力测评基础数据后，笔者通过大量的事故案例分析、有关安全操作规程分析并结合行为产生过程，提出了以安全生理、安全能力、个性心理和情操为一级指标的安全行为能力测试指标体系，见表5-2。该指标体系由于具备较充足的数据基础，所以与其他指标体系相比更完善、更系统，可为以后的安全行为能力测评指标体系的统一提供较科学的参考价值。

人的安全指标判断　　表5-2

一级指标	二级指标
安全生理	身高、体重、体能、五觉、智力、年龄、性别、身体健康状况
安全能力	观察力、注意力集中能力、运动能力、协调能力、感知能力、学习能力、记忆能力、理解能力、判断能力、想象力、思维能力、适应能力、自控能力、反应能力、压力承受能力、安全知识和技能、安全意识、决策能力
个性心理	气质、性格、动机、情绪
情操	责任感、坚定性、果断性、恒毅性、自律性、正义感、谦虚、谨慎、宽容

5.1.2　心理测评方法选择

心理测评的主要方法。

（1）纸笔测验

纸笔测验简称笔试，即要求被试者根据项目的内容，把答案写在纸上，以了解被试者心理活动的一种方法。纸笔测验的形式主要有7种：单项选择题、多项选择题、是非题、匹配题、填空题、简答题、小论文。纸笔测验在员工招聘中有很大的作用，尤其是在大规模的员工招聘中，它能很快把员工的基本活动了解清楚，然后可以划分出一个基本符合需要的界限。

（2）量表法

量表是一种比纸笔测验更严格的测量工具，它们可以看作是一把尺子，用这把尺子对被试者的属性进行测量，一般的心理测验都由一个或几个量表组成，它们的建构程序更严格，客观化的程度更高，往往有常模可以参照。例如韦克斯勒智力测验量表。

（3）投射测验

有些心理特征是很难直接观察和测量的，例如人们的欲望、动机、需要等。就需要用投射测验的测量方法。所谓投射测验，就是让被试者通过一定的媒介，建立自己的想象世界，在无拘束的情景中，不自觉地表露出其个性特征的研究方法。它可以适合各种目的、用途。其主要方法有以下几种：

1）联想技术。为被试者呈现一些刺激，请被试者报告对这些刺激的反应，根据被试者的反应作出分析。常用的有墨渍投射测验、字词的联想测验等。

2）构成技术。指的是被试者需要根据一个或一组图形或文字材料讲述一个完整的故事。这种测验主要测量被试者的组织信息的能力，从测验的结果分析被试者的深层心理。比较著名的有：主题统觉测验，麦克莱兰的成就测验；其他的还有测量人们信念、宗教信仰、价值观等的测验，这种技术主要侧重于对被试者产出的分析。

3）词句完成法。把一些没有完成的句子呈现给被试者，请被试者根据自己的想法把句子完成，例如，“我觉得我们的企业……”，被试者可以作出各种反应，这种方法比上述两种方法都简单，却很说明问题。

4）等第排序技术。请被试者把一组目标、愿望、需要等按某种标准加以排序的方法。许多价值观、成就动机、态度的测量都用这种技术。

5）表现技术。这是一种侧重过程性分析的技术，不大注意被试者的产出。要求被试者参加一些活动，通过这些活动可表现出他们的需要、愿望、情绪或动机，他们处理事物、人际交往方式无不带有个人的独特特征。这些活动设计要求符合实际生活的场景，如做游戏、演一出戏、角色扮演、画一幅画等都可以。

6）个案分析技术。这是一种综合性技术，既含表现的成分又有投射的成分。个案设计得贴近实际，请被试者根据文中提供的线索作出自己的判断和评价，被试者在操作时要付出一定的努力，充分发挥想象力，所以这种方法能引起被试者的很大兴趣。

研究人员对投射测验的争议较大，赞同的、反对的都有，但是一致的意见是这种方法是很有发展前途的，其主要优点是主试的意图目的藏而不露，这样就创造了一个比较客观的外界条件，使测试的结果比较真实。其缺点是分析比较困难，关键在于如何提高投射测验的信度和效度，提高它们的客观性程度，而且主持投射测验的人员需要接受专门的培训，否则不如采用其他的测量方法。

（4）仪器测量法

这是指通过科学的仪器对被试者进行测试，以了解被试者心理活动的一种科学方法。随着科学技术的发展，测量心理活动的仪器越来越多，如眼动仪、动作稳定仪等，这些仪器在测量人的兴趣、动机、技能等方面起到了举足轻重的作用。

5.1.3　量表法的设计原则

（1）采用量表法进行人不安全行为测量的全面性和简捷性

在生产现场，为了实现对大量人员的快速施测，再加之安全心理测试系统或生理、心理测定仪器操作的复杂性、施测环境的严格性和需要专业化的施测人员等因素，综合考虑，采用量表法进行人不安全行为的心理测量较为合适。

（2）人不安全行为模式相关理论基础的分析结论

对人因失误及人不安全行为的机理分析，人的不安全行为形成因子分析，人因失误及人不安全行为的致因分析，安全生理、安全心理、安全管理、工程心理学、不同文化习俗差异对人不安全行为影响等的分析与研究结论。

（3）一般心理测量量表知识，例如：明尼苏达多相人格问卷（MMPI）等。

5.2 不同的测评量表

5.2.1 员工对于安全认知测试

人类对于安全认知大概可以分为四个阶段：

（1）无知（不自觉）的安全认识阶段：指工业革命以前，生产力和仅有的自然科学都处于自然和分散的状态。

（2）局部的安全认识阶段：指工业革命以后，生产中已使用大型动力机械和能源，导致生产力与危害因素的同步增长，促使人们局部认识安全并采取措施。

（3）系统的安全认识阶段：是由于形成了军事工业、航天工业、特别是原子能和航天技术等复杂的大型生产系统和机器系统，局部安全认识已无法满足生产生活中对安全的需要，必须发展与生产力相适应的生产系统并采取安全措施。

（4）动态的安全认识阶段：是当今生产和科学技术的发展，特别是高科技的发展，静态的安全系统安全技术措施和系统的安全认识即系统安全工程理论已不能满足动态过程中发生的、具有随机性的安全问题，必须采用更加深刻的安全技术措施和安全系统认识。

前文提到过，人的认知包括感觉、知觉、记忆、思维、想象和语言等，人的认知在很大程度上决定着人的行为，员工对于与安全的认知程度越高，发生不安全行为的概率就会越低，因此对员工进行安全认识测试是很有必要的。

安全认知测试一般通过问卷、答卷的方法进行。

5.2.2 员工的心理健康测试

根据世界卫生组织提出的关于健康的概念，健康不仅是指没有疾病或身体不虚弱的状态，更包含心理、社会适应能力和道德的全面状态。心理健康与否已经成为判断一个人是否整体健康的重要指标。

目前，我国社会正处于转型的关键时期，社会结构的变化、利益分配的调整、社会节奏的加快、各种思潮的冲击等，使人们的思想、价值观、心理、行为发生了一系列变化。人们进入了一个情绪多变的时代，这客观上需要每一个人及时有效地进行自我调整，来适应新的生活与工作环境。而对于企业来说，在当今的时代，员工的压力管理成为企业必须面对的关键问题。联合国曾在报告中指出，工作压力已经变成了“21世纪的流感”。压力问题在个体和组织层面全面暴露。职业压力与员工的缺勤率、离职率、事故率、工作满意度等息息相关，而且对企业的影响是潜在的、长期的，我国每年因职业压力给企业带来的直接损失数以亿计。中国人力资源开发网组织的“中国员工心理健康”调查结果表明，有25.04%的被调查者存在一定程度的心理健康问题。但是，员工的心理问题在国内企业很少被关注。在今天这个时代，企业经营管理者都应明白：企业应以员工心理健康为本，关心员工的身心健康，就是关心企业的健康成长和持续发展。

在损害员工身心健康、导致员工身心疾病的职业因素中，有企业制度不合理、不科学对员工的严重束缚，有企业运营机制、管理机制不顺对员工的严重伤害，有不健康的或过时的企业文化对员工的严重困扰，有劳资关系对立、干群关系紧张和人际关系的疏离对员工的严重打击，有违法背德、丧失人性、巧取豪夺对员工身心的严重摧残，有组织局限、报酬不公和模式落后对员工的严重压制等。这些因素，既是损害员工身心健康的职业压力，也是阻碍企业健康成长和持续发展的强大阻力。国内外的大量调查研究都显示，由这些因素形成的过重的不当的职业压力，不仅损害员工的身心健康，而且也损害企业组织的健康。因此，关心员工的身心健康，帮助员工克服或减轻职业压力，就能消除企业或组织前进的阻力，解开束缚企业发展的枷锁。实施员工心理健康管理，可以使员工有更高的归属感和工作热情，减少人才流失，提高企业的劳动生产率，增强企业核心竞争力，预防员工心理危机事件的发生。以人为本，在企业首先应该以员工的身心健康为本，关注员工心理健康，提升员工幸福指数。在当今时代，不关心员工身心健康的管理者不是一个合格的管理者，不关心员工身心健康的企业是不负责任的企业，这样的管理者与企业是没有未来的。

心理健康是指一种良好而持续的生活形式和状态。其一，心理健康是指人能适应生活，而对生活中的喜怒哀乐，均能平静接受；其二，心理健康是指人的这种适应状态是持续稳定的，而非瞬间发生的。美国心理学家马斯洛总结心理健康表现在10个方面：（1）有足够的自我安全感；（2）能充分了解自己，并对自己的能力作适当的评估；（3）生活理想切合实际；（4）不能脱离周围现实环境；（5）能保持人格的完整与和谐；（6）善于从经验中学习；(7) 能保持良好的人际关系；(8) 能适度的发泄情绪和控制情绪；(9) 在符合集体要求的条件下，能有限度地发挥个性；(10) 在不违背社会规范的前提下，能恰当地满足个人的基本需求。

在易燃、易爆、易中毒的燃气行业，安全尤为重要，它是企业赖以生存、发展的基石。安全工作是燃气行业的生命线，也关系到千家万户生命财产的安危。对于个人素质的严格要求，仅从教育管理的角度加以规范，没有筛选、调配、分流的机制，从业人员素质还是得不到保证，导致作业质量下降，事故频繁发生，从而形成恶性循环。为此，我们可以在用人环节上进行认真研究，把握人的心理活动规律，确保各项管理措施能够由于从业人员的素质水平提高而得到保证，也从根本上防止事故的发生。

表 5-3 为现状评估的等级。

表 5-4 为自评量表，又称"90 项症状清单"。其作者是德若伽提斯。该自评量表共有 90 个项目，包含有较广泛的精神病症状学内容，从感觉、情感、思维、意识、行为直至生活习惯、人际关系、饮食睡眠等，均有涉及，并采用 10 个因子分别反映 10 个方面的心理症状情况。

此套测试题主要用于测试员工心理健康状况，一方面可以帮助员工了解自己的心理健康状态；另一方面，可以便于公司掌握员工整体的心理健康状态，从而有针对性地实施辅导，更好地关爱员工心理健康，提高员工工作积极性。

表 5-4 列出了有些人可能会有的问题，测试者仔细阅读每一条，然后根据最近一星期的实际感觉，选择最符合自己的一种情况，请在相应的题号上打"√"。

现状评估 **表 5-3**

1	2	3	4	5
没有	较轻	中等	较重	严重

自评量表 **表 5-4**

题目	现状评估				
	没有	较轻	中等	较重	严重
(1) 头痛	1	2	3	4	5
(2) 神经过敏，心中不踏实	1	2	3	4	5
(3) 头脑中有不必要的想法或字句盘旋	1	2	3	4	5

续表

题目	现状评估				
	没有	较轻	中等	较重	严重
（4）头昏或昏倒	1	2	3	4	5
（5）对异性的兴趣减退	1	2	3	4	5
（6）对旁人求全责备	1	2	3	4	5
（7）感到别人能控制您的思想	1	2	3	4	5
（8）责备别人制造麻烦	1	2	3	4	5
（9）忘记性大	1	2	3	4	5
（10）担心自己的衣饰整齐及仪态的端正	1	2	3	4	5
（11）容易烦恼和激动	1	2	3	4	5
（12）胸痛	1	2	3	4	5
（13）害怕空旷的场所或街道	1	2	3	4	5
（14）感到自己的精力下降，活动减慢	1	2	3	4	5
（15）想结束自己的生命	1	2	3	4	5
（16）听到旁人听不到的声音	1	2	3	4	5
（17）发抖	1	2	3	4	5
（18）感到大多数人都不可信任	1	2	3	4	5
（19）胃口不好	1	2	3	4	5
（20）容易哭泣	1	2	3	4	5
（21）同异性相处时感到害羞不自在	1	2	3	4	5
（22）感到受骗、中了圈套或有人想抓住你	1	2	3	4	5
（23）无缘无故地突然感到害怕	1	2	3	4	5
（24）自己不能控制地大发脾气	1	2	3	4	5
（25）怕单独出门	1	2	3	4	5
（26）经常责备自己	1	2	3	4	5
（27）腰痛	1	2	3	4	5
（28）感到难以完成任务	1	2	3	4	5
（29）感到孤独	1	2	3	4	5
（30）感到苦闷	1	2	3	4	5
（31）过分担忧	1	2	3	4	5
（32）对事物不感兴趣	1	2	3	4	5
（33）感到害怕	1	2	3	4	5
（34）您的感情容易受到伤害	1	2	3	4	5
（35）旁人能知道您的私下想法	1	2	3	4	5
（36）感到别人不理解您、不同情您	1	2	3	4	5

续表

题目	现状评估				
	没有	较轻	中等	较重	严重
（37）感到人们对您不友好、不喜欢您	1	2	3	4	5
（38）做事必须做得很慢以保证做得准确	1	2	3	4	5
（39）心跳得很厉害	1	2	3	4	5
（40）恶心或胃部不舒服	1	2	3	4	5
（41）感到比不上他人	1	2	3	4	5
（42）肌肉酸痛	1	2	3	4	5
（43）感到有人在监视您、谈论您	1	2	3	4	5
（44）难以入睡	1	2	3	4	5
（45）做事必须反复检查	1	2	3	4	5
（46）难以作出决定	1	2	3	4	5
（47）怕乘坐电车、公共汽车、地铁或火车之类的	1	2	3	4	5
（48）呼吸有困难	1	2	3	4	5
（49）一阵阵发冷或发热	1	2	3	4	5
（50）因为感到害怕而避开某些东西、场合或活动	1	2	3	4	5
（51）脑子变空了	1	2	3	4	5
（52）身体发麻或刺痛	1	2	3	4	5
（53）喉咙有梗塞感	1	2	3	4	5
（54）感到前途没有希望	1	2	3	4	5
（55）不能集中注意力	1	2	3	4	5
（56）感到身体某一部分软弱无力	1	2	3	4	5
（57）感到紧张或容易紧张	1	2	3	4	5
（58）感到手或脚发重	1	2	3	4	5
（59）想到死亡的事	1	2	3	4	5
（60）吃得太多	1	2	3	4	5
（61）当别人看着您或谈论您时就感到不自在	1	2	3	4	5
（62）有些不属于您自己的想法	1	2	3	4	5
（63）有想打人或伤害他人的冲动	1	2	3	4	5
（64）醒得太早	1	2	3	4	5
（65）必须反复洗手、点数目或触摸某些东西	1	2	3	4	5
（66）睡得不稳不深	1	2	3	4	5
（67）有想摔坏或破坏东西的冲动	1	2	3	4	5
（68）有一些别人没有的想法或念头	1	2	3	4	5
（69）感到对别人神经过敏	1	2	3	4	5

续表

题目	现状评估				
	没有	较轻	中等	较重	严重
（70）在商店或电影院等人多的地方感到不自在	1	2	3	4	5
（71）感到做任何事情都很困难	1	2	3	4	5
（72）一阵阵恐惧和惊慌	1	2	3	4	5
（73）感到在公共场合吃东西很不舒服	1	2	3	4	5
（74）经常与人争论	1	2	3	4	5
（75）单独一人时神经很紧张	1	2	3	4	5
（76）感到别人对您的成绩没有作出恰当的评价	1	2	3	4	5
（77）即使和别人在一起也感到孤独	1	2	3	4	5
（78）感到坐立不安、心神不定	1	2	3	4	5
（79）感到自己没有价值	1	2	3	4	5
（80）感到熟悉的东西变成陌生或不像是真的了	1	2	3	4	5
（81）大叫或摔东西	1	2	3	4	5
（82）害怕会在公共场合昏倒	1	2	3	4	5
（83）感到别人想占您的便宜	1	2	3	4	5
（84）为一些有关“性”的想法而苦恼	1	2	3	4	5
（85）您认为应该因为自己的过错而受到惩罚	1	2	3	4	5
（86）感到要赶快把事情做完	1	2	3	4	5
（87）感到自己的绳梯有严重问题	1	2	3	4	5
（88）从未感到和其他人很亲近	1	2	3	4	5
（89）感到自己有罪	1	2	3	4	5
（90）感到自己的脑子有毛病	1	2	3	4	5

本测验共90个自我评定项目。测验的9个因子分别为：躯体化、强迫症状、人际关系敏感、抑郁、焦虑、敌对、恐怖、偏执及精神病性。

（1）躯体化：包括1、4、12、27、40、42、48、49、52、53、56和58，共12项。该因子主要反映主观的身体不适感。

（2）强迫症状：3、9、10、28、38、45、46、51、55和65，共10项，反映临床上的强迫症状群。

（3）人际关系敏感：包括6、21、34、36、37、41、61、69和73，共9项。主要指某些个人不自在感和自卑感，尤其是在与其他人相比较时更突出。

（4）抑郁：包括5、14、15、20、22、26、29、30、31、32、54、71和79，共13项。反映与临床上抑郁症状群相联系的广泛的概念。

（5）焦虑：包括 2、17、23、33、39、57、72、78、80 和 86，共 10 个项目。指在临床上明显与焦虑症状群相联系的精神症状及体验。

（6）敌对：包括 11、24、63、67、74 和 81，共 6 项。主要从思维，情感及行为三方面来反映病人的敌对表现。

（7）恐怖：包括 13、25、47、50、70、75 和 82，共 7 项。它与传统的恐怖状态或广场恐怖所反映的内容基本一致。

（8）偏执：包括 8、18、43、68、76 和 83，共 6 项。主要是指猜疑和关系妄想等。

（9）精神病性：包括 7、16、35、62、77、84、85、87、88 和 90，共 10 项。其中幻听、思维播散、被洞悉感等反映精神分裂样症状项目。

19、44、59、60、64、66 及 89 共 7 个项目，未能归入上述因子，它们主要反映睡眠及饮食情况。在有些资料分析中，将之归为因子“（10）其他”。

以上各项评估结果中“没有”记 1 分，“较轻”记 2 分，“中等”记 3 分，“较重”记 4 分，“严重”记 5 分。请将各题得分按照表 5-5 分类进行分别的统计，并将累计得分填入各项对应空格中。

统计得分 **表 5-5**

项目	包含题项	累计得分
F1 躯体化	1、4、12、27、40、42、2、48、49、52、53、56、58 之和	
F2 强迫	3、9、10、28、38、45、46、51、55、65 之和	
F3 人际敏感	6、21、34、36、37、41、61、69、73 之和	
F4 抑郁	5、14、15、20、22、26、29、30、31、32、54、71、79 之和	
F5 焦虑	2、17、23、33、39、57、72、78、80、86 之和	
F6 敌意	11、24、63、67、74、81 之和	
F7 恐怖	13、25、47、50、70、75、82 之和	
F8 偏执	8、18、43、68、76、83 之和	
F9 精神病性	7、16、35、62、77、84、85、87、88、90 之和	
F10 附加因子	19、44、59、60、64、66、89 之和	

对测评结果的评述。

（1）基本解释

自评量表作者未提出分界值，按我国常规结果，总分超过 160 分，或阳性项目数超过 43 项，或任一因子分超过 2 分，需考虑筛选阳性，需进一步检查。

（2）总症状指数

是指总的来看，自我症状评价介于“没有”到“严重”的哪一个水平。总症状指数的分数在1～1.5，表明自我感觉没有量表中所列的症状；在1.5～2.5，表明感觉有点症状，但发生得并不频繁；在2.5～3.5，表明感觉有症状，其严重程度为轻到中度；在3.5～4.5，表明感觉有症状，其程度为中到严重；在4.5～5表明感觉有，且症状的频度和强度都十分严重。

（3）阳性项目数

是指被评为2～5分的项目数分别是多少，它表示被试在多少项目中感到“有症状”。

（4）阴性项目数

是指被评为1分的项目数，它表示“无症状”的项目有多少。

（5）阳性症状均分

是指个体自我感觉不佳的项目的程度究竟处于哪个水平。其意义与总症状指数相同。

（6）因子分

SCL-90包括10个因子，每一个因子反映出个体某方面的症状情况，通过因子分可了解症状分布特点。当个体在某一因子的得分大于2时，即超出正常均分，则个体在该方面就很有可能有心理健康方面的问题。

1）躯体化：主要反映身体不适感，包括心血管、胃肠道、呼吸和其他系统的不适，和头痛、背痛、肌肉酸痛，以及焦虑等躯体不适表现。

该分量表的得分在0～48分。得分在24分以上，表明个体在身体上有较明显的不适感，并常伴有头痛、肌肉酸痛等症状。得分在12分以下，躯体症状表现不明显。总的说来，得分越高，躯体的不适感越强；得分越低，症状体验越不明显。

2）强迫症状：主要指那些明知没有必要，但又无法摆脱的无意义的思想、冲动和行为，还有一些比较一般的认知障碍的行为征象也在这一因子中反映。

该分量表的得分在0～40分。得分在20分以上，强迫症状较明显。得分在10分以下，强迫症状不明显。总的说来，得分越高，表明个体越无法摆脱一些无意义的行为、思想和冲动，并可能表现出一些认知障碍的行为征兆。得分越低，表明个体在此种症状上表现越不明显，没有出现强迫行为。

3）人际关系敏感：主要是指某些人际的不自在与自卑感，特别是与其他人相比较时更加突出。在人际交往中的自卑感，心神不安，明显的不自在，以及人际交流中的不良自我暗示，消极的期待等是这方面症状的典型原因。

该分量表的得分在0～36分。得分在18分以上，表明个体人际关系较为敏感，人际交往中自卑感较强，并伴有行为症状（如坐立不安、退缩等）。得分在9分以下，表明个体在人际关系上较为正常。总的说来，得分越高，个体在人际交往中表现的问题就越多，自卑，自我中心越突出，并且已表现出消极的期待。得分越低，个体在人际关系上越能应付自如，人际交流自信、胸有成竹，并抱有积极的期待。

4）抑郁：苦闷的情感与心境为代表性症状，还以生活兴趣的减退、动力缺乏、活力丧失等为特征。还表现出失望、悲观以及与抑郁相联系的认知和躯体方面的感受，另外，还包括有关死亡的思想和自杀观念。

该分量表的得分在0～52分。得分在26分以上，表明个体的抑郁程度较强，生活缺乏足够的兴趣，缺乏运动活力，极端情况下，可能会有想死亡的思想和自杀的观念。得分在13分以下，表明个体抑郁程度较弱，生活态度乐观积极，充满活力，心境愉快。总的说来，得分越高，抑郁程度越明显，得分越低，抑郁程度越不明显。

5）焦虑：一般指那些烦躁、坐立不安、神经过敏、紧张以及由此产生的躯体征象，如震颤等。

该分量表的得分在0～40分。得分在20分以上，表明个体较易焦虑，易表现出烦躁、不安静和神经过敏，极端时可能导致惊恐发作。得分在10分以下，表明个体不易焦虑，易表现出安定的状态。总的说来，得分越高，焦虑表现越明显。得分越低，越不会导致焦虑。

6）敌对：主要从三方面来反映敌对的表现：思想、感情及行为。其项目包括厌烦的感觉、摔物、争论直到不可控制的脾气暴发等各方面。

该分量表的得分在0～24分。得分在12分以上，表明个体易表现出敌对的思想、情感和行为。得分在6分以下表明个体容易表现出友好的思想、情感和行为。总的说来，得分越高，个体越容易敌对，好争论，脾气难以控制。得分越低，个体的脾气越温和，待人友好，不喜欢争论、无破坏行为。

7）恐怖：恐惧的对象包括出门旅行、空旷场地、人群或公共场所和交通工具。此外，还有社交恐怖。

该分量表的得分在0～28分。得分在14分以上，表明个体恐怖症状较为明显，常表现出社交、广场和人群恐惧，得分在7分以下，表明个体的恐怖症状不明显。总的说来，得分越高，个体越容易对一些场所和物体发生恐惧，并伴有明显的躯体症状。得分越低，个体越不易产生恐怖心理，越能正常的交往和活动。

8）偏执：主要指投射性思维，敌对、猜疑、妄想、被动体验和夸大等。

该分量表的得分在0～24分。得分在12分以上，表明个体的偏执症状明显，较易猜疑和敌对，得分在6分以下，表明个体的偏执症状不明显。总的说来，得分越高，个体越易偏执，表现出投射性的思维和妄想，得分越低，个体思维越不易走极端。

9）精神病性：反应各式各样的急性症状和行为，即限定不严的精神病性过程的症状表现。

该分量表的得分在0～40分。得分在20分以上，表明个体的精神病性症状较为明显，得分在10分以下，表明个体的精神病性症状不明显。总的说来，得分越高，越多的表现出精神病性症状和行为。得分越低，就越少表现出这些症状和行为。

10）其他项目（睡眠、饮食等）：作为附加项目或其他，作为第10个因子来处理，以便使各因子分之和等于总分。

5.2.3　员工性格分类测试

有些人发生事故频率比其他人高得多，这是为什么呢？根据事故倾向性理论，事故与人的个性有关，在相同的客观条件下，某些人由于某些个性特征会比其他人更容易出事故。如：攻击性强的人，常妄自尊大，骄傲自满，工作中喜欢冒险，喜欢挑衅，喜欢与同事闹无原则纠纷，很难接受他人意见。又如：性情不稳定者，易受情绪感染支配，易于冲动，情绪起伏波动很大，受情绪影响长时间不易平静，因而工作中易受情绪影响忽略工作安全。

通过性格测试，不仅可以招募到适合本企业的人才，还可以在招聘工作中减少盲目性，给予新员工最适合的工作环境，最适合的岗位，以期最大限度地在工作中发挥他们的聪明才干，减少事故的发生。

下面介绍一种名为MBTI职业性格测试方案。

MBTI职业性格测试是国际最为流行的职业人格评估工具，作为一种对个性的判断和分析，是一个理论模型，从纷繁复杂的个性特征中，归纳提炼出 4 个关键要素——动力、信息收集、决策方式、生活方式，进行分析判断，从而把不同个性的人区别开来。

MBTI 测试前须知：

（1）参加测试的人员请务必诚实、独立地回答问题，只有如此，才能得到有效的结果。

（2）《性格分析报告》展示的是你的性格倾向，而不是你的知识、技能、经验。

（3）MBTI 提供的性格类型描述仅供测试者确定自己的性格类型之用，性格类型没有好坏，只有不同。每一种性格特征都有其价值和优点，也有缺点和需要注意的地方。清楚地了解自己的性格优劣势，有利于更好地发挥自己的特长，而尽可能地在为人处事中避免自己性格中的劣势，更好地和他人相处，更好地作重要的决策。

（4）本测试分为 4 部分，共 93 题；需时约 18min。所有题目没有对错之分，请根据自己的实际情况选择。将你选择的 A 或 B 所在的 ○涂黑，例如：●。

只要测试者认真、真实地填写了测试问卷，那么通常情况下都能得到一个与其性格相匹配的类型。希望测试者能从中或多或少地获得一些有益的信息。

1）哪一个答案最能贴切的描绘你一般的感受或行为（表 5-6）？

MBTI 职业性格测试（一） **表 5-6**

序号	问题描述	选项	E	I	S	N	T	F	J	P
1	当你要外出一整天，你会： A. 计划你要做什么和在什么时候做； B. 说去就去	A							○	
		B								○
2	你认为自己是一个： A. 较为随兴所至的人； B. 较为有条理的人	A								○
		B							○	
3	假如你是一位老师，你会选教： A. 以事实为主的课程； B. 涉及理论的课程	A			○					
		B				○				

续表

序号	问题描述	选项	E	I	S	N	T	F	J	P
4	你通常： A. 与人容易混熟； B. 比较沉静或矜持	A	○							
		B		○						
5	一般来说，你和哪些人比较合得来？ A. 富于想象力的人； B. 现实的人	A				○				
		B			○					
6	你是否经常让： A. 你的情感支配你的理智； B. 你的理智主宰你的情感	A						○		
		B					○			
7	处理许多事情上，你会喜欢： A. 凭兴所至行事； B. 按照计划行事	A								○
		B							○	
8	你是否： A. 容易让人了解； B. 难于让人了解	A	○							
		B		○						
9	按照程序表做事： A. 合你心意； B. 令你感到束缚	A							○	
		B								○
10	当你有一份特别的任务，你会喜欢： A. 开始前小心组织计划； B. 边做边找须做什么	A							○	
		B								○
11	在大多数情况下，你会选择： A. 顺其自然； B. 按程序表做事	A								○
		B							○	
12	大多数人会说你是一个： A. 重视自我隐私的人； B. 非常坦率开放的人	A		○						
		B	○							
13	你宁愿被人认为是一个： A. 实事求是的人； B. 机灵的人	A			○					
		B				○				
14	在一大群人当中，通常是： A. 你介绍大家认识； B. 别人介绍你	A	○							
		B		○						

续表

序号	问题描述	选项	E	I	S	N	T	F	J	P
15	你会跟哪些人做朋友？ A. 常提出新注意的； B. 脚踏实地的	A				○				
		B			○					
16	你倾向： A. 重视感情多于逻辑； B. 重视逻辑多于感情	A						○		
		B					○			
17	你比较喜欢： A. 坐观事情发展才作计划； B. 很早就作计划	A								○
		B							○	
18	你喜欢花很多的时间： A. 一个人独处； B. 和别人在一起	A		○						
		B	○							
19	与很多人一起会： A. 令你活力倍增； B. 常常令你心力憔悴	A	○							
		B		○						
20	你比较喜欢： A. 很早便把约会、社交聚集等事情安排妥当； B. 无拘无束，看当时有什么好玩就做什么	A							○	
		B								○
21	计划一个旅程时，你较喜欢： A. 大部分的时间都是跟当天的感觉行事； B. 事先知道大部分的日子会做什么	A								○
		B							○	
22	在社交聚会中，你： A. 有时感到郁闷； B. 常常乐在其中	A		○						
		B	○							
23	你通常： A. 和别人容易混熟； B. 趋向自处一隅	A	○							
		B		○						
24	哪些人会更吸引你？ A. 一个思维敏捷及非常聪颖的人； B. 实事求是，具丰富常识的人	A				○				
		B			○					
25	在日常工作中，你会： A. 颇为喜欢处理迫使你分秒必争的突发； B. 通常预先计划，以免要在压力下工作	A								○
		B							○	
26	你认为别人一般： A. 要花很长时间才认识你； B. 用很短的时间便认识你	A		○						
		B	○							

2）在下列每一对词语中，哪一个词语更合你心意？请仔细想想这些词语的意义，而不要理会他们的字形或读音（表 5-7）。

MBTI 职业性格测试（二）　　**表 5-7**

序号	问题描述	选项	E	I	S	N	T	F	J	P
27	A. 注重隐私；B. 坦率开放	A		○						
		B	○							
28	A. 预先安排的；B. 无计划的	A							○	
		B								○
29	A. 抽象；B. 具体	A				○				
		B			○					
30	A. 温柔；B. 坚定	A						○		
		B					○			
31	A. 思考；B. 感受	A					○			
		B						○		
32	A. 事实；B. 意念	A			○					
		B				○				
33	A. 冲动；B. 决定	A								○
		B							○	
34	A. 热衷；B. 文静	A	○							
		B		○						
35	A. 文静；B. 外向	A		○						
		B	○							
36	A. 有系统；B. 随意	A							○	
		B								○
37	A. 理论；B. 肯定	A				○				
		B			○					
38	A. 敏感；B. 公正	A						○		
		B					○			
39	A. 令人信服；B. 感人的	A					○			
		B						○		
40	A. 声明；B. 概念	A			○					
		B				○				
41	A. 不受约束；B. 预先安排	A								○
		B							○	
42	A. 矜持；B. 健谈	A		○						
		B	○							

续表

序号	问题描述	选项	E	I	S	N	T	F	J	P
43	A. 有条不紊；B. 不拘小节	A							○	
		B								○
44	A. 意念；B. 实况	A				○				
		B			○					
45	A. 同情怜悯；B. 远见	A						○		
		B					○			
46	A. 利益；B. 祝福	A					○			
		B						○		
47	A. 务实的；B. 理论的	A			○					
		B				○				
48	A. 朋友不多；B. 朋友众多	A		○						
		B	○							
49	A. 有系统；B. 即兴	A							○	
		B								○
50	A. 富想象的；B. 以事论事	A				○				
		B			○					
51	A. 亲切的；B. 客观的	A						○		
		B					○			
52	A. 客观的；B. 热情的	A					○			
		B						○		
53	A. 建造；B. 发明	A			○					
		B				○				
54	A. 文静；B. 爱合群	A		○						
		B	○							
55	A. 理论；B. 事实	A				○				
		B			○					
56	A. 富同情；B. 合逻辑	A						○		
		B					○			
57	A. 具分析力；B. 多愁善感	A					○			
		B						○		
58	A. 合情合理；B. 令人着迷	A			○					
		B				○				

3）哪一个答案最能贴切地描绘你一般的感受或行为（表 5-8）？

MBTI 职业性格测试（三）　　　　**表 5-8**

序号	问题描述	选项	E	I	S	N	T	F	J	P
59	当你要在一个星期内完成一个大项目，你在开始的时候会： A. 把要做的不同工作依次列出； B. 马上动工	A							○	
		B								○
60	在社交场合中，你经常会感到： A. 与某些人很难打开话匣儿和保持对话； B. 与多数人都能从容地长谈	A		○						
		B	○							
61	要做许多人也做的事，你比较喜欢： A. 按照一般认可的方法去做； B. 构想一个自己的想法	A			○					
		B				○				
62	你刚认识的朋友能否说出你的兴趣？ A. 马上可以； B. 要待他们真正了解你之后才可以	A	○							
		B		○						
63	你通常较喜欢的科目是： A. 讲授概念和原则的； B. 讲授事实和数据的	A				○				
		B			○					
64	哪个是较高的赞誉，或称许为？ A. 一贯感性的人； B. 一贯理性的人	A						○		
		B					○			
65	你认为按照程序表做事： A. 有时是需要的，但一般来说你不太喜欢这样做； B. 大多数情况下是有帮助而且是你喜欢做的	A								○
		B							○	
66	和一群人在一起，你通常会选： A. 跟你很熟悉的个别人谈话； B. 参与大伙的谈话	A		○						
		B	○							
67	在社交聚会上，你会： A. 是说话很多的一个； B. 让别人多说话	A	○							
		B		○						
68	把周末期间要完成的事列成清单，这个主意会： A. 合你意； B. 使你提不起劲	A							○	
		B								○

续表

序号	问题描述	选项	E	I	S	N	T	F	J	P
69	哪个是较高的赞誉，或称许为： A. 能干的； B. 富有同情心	A					○			
		B						○		
70	你通常喜欢： A. 事先安排你的社交约会； B. 随兴之所至做事	A							○	
		B								○
71	总的说来，要做一个大型作业时，你会选： A. 边做边想该做什么； B. 首先把工作按步细分	A								○
		B							○	
72	你能否滔滔不绝地与人聊天： A. 只限于跟你有共同兴趣的人； B. 几乎跟任何人都可以	A		○						
		B	○							
73	你会： A. 跟随一些证明有效的方法； B. 分析还有什么毛病，及针对尚未解决的难题	A			○					
		B				○				
74	为乐趣而阅读时，你会： A. 喜欢奇特或创新的表达方式； B. 喜欢作者直话直说	A				○				
		B			○					
75	你宁愿替哪一类上司（或者老师）工作？ A. 天性淳良，但常常前后不一的； B. 言辞尖锐但永远合乎逻辑的	A			○					
		B				○				
76	你做事多数是： A. 按当天心情去做； B. 照拟好的程序表去做	A								○
		B							○	
77	你是否： A. 可以和任何人按需求从容地交谈； B. 只是对某些人或在某种情况下才可以畅所欲言	A	○							
		B		○						
78	要作决定时，你认为比较重要的是： A. 据事实衡量； B. 考虑他人的感受和意见	A					○			
		B						○		

4）在下列每一对词语中，哪一个词语更合你心意（表 5-9）？

MBTI 职业性格测试（四）　　　　**表 5-9**

序号	问题描述	选项	E	I	S	N	T	F	J	P
79	A. 想象的；B. 真实的	A				○				
		B			○					
80	A. 仁慈慷慨的；B. 意志坚定的	A						○		
		B					○			
81	A. 公正的；B. 有关怀心	A					○			
		B						○		
82	A. 制作；B. 设计	A			○					
		B				○				
83	A. 可能性；B. 必然性	A				○				
		B			○					
84	A. 温柔；B. 力量	A						○		
		B					○			
85	A. 实际；B. 多愁善感	A					○			
		B						○		
86	A. 制造；B. 创造	A			○					
		B				○				
87	A. 新颖的；B. 已知的	A				○				
		B			○					
88	A. 同情；B. 分析	A						○		
		B					○			
89	A. 坚持己见；B. 温柔有爱心	A					○			
		B						○		
90	A. 具体的；B. 抽象的	A			○					
		B				○				
91	A. 全心投入；B. 有决心的	A						○		
		B					○			
92	A. 能干；B. 仁慈	A					○			
		B						○		
93	A. 实际；B. 创新	A			○					
		B				○				
每项总分										

5）评分规则

① 当你将●涂好后，把 8 项（E、I、S、N、T、F、J、P）分别加起来，并将总和填在每项最下方的方格内。

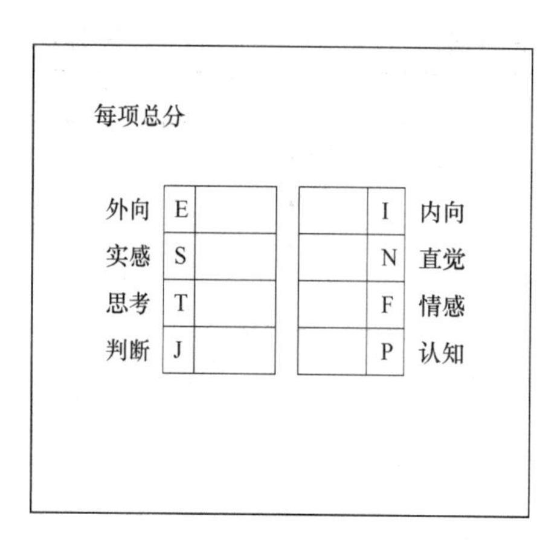

图 5-2　每项总分

② 请复查你的计算是否准确，然后将各项总分填在图 5-2 对应的方格内。

6）确定类型的规则

① MBTI 以四个组别来评估你的性格类型倾向：

“E-I”“S-N”“T-F”和“J-P”。请你比较四个组别的得分。每个类别中，获得较高分数的那个类型，就是你的性格类型倾向。例如：你的得分是：E（外向）12 分，I（内向）9 分，那你的类型倾向便是 E（外向）了。

② 将代表获得较高分数的类型的英文字母，填在图 5-3 的方格内。如果在一个组别中，两个类型获同分，则依据下边表格中的规则来决定你的类型倾向。

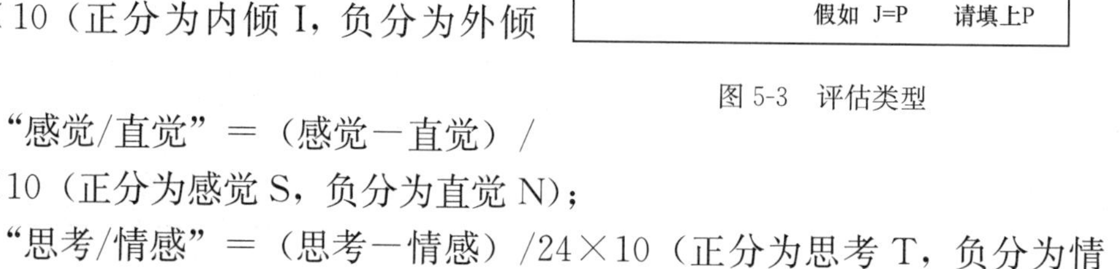

图 5-3　评估类型

如果有些维度出现分数太接近，可用如下方式来转换：

“外倾/内倾”＝（内倾－外倾）/21×10（正分为内倾 I，负分为外倾 E）；

“感觉/直觉”＝（感觉－直觉）/26×10（正分为感觉 S，负分为直觉 N）；

“思考/情感”＝（思考－情感）/24×10（正分为思考 T，负分为情感 F）；

“知觉/判断”＝（知觉－判断）/22×10（正分为感性 P，负分为判断 J）。

7）性格解析

“性格”是一种个体内部的行为倾向，它具有整体性、结构性、持久稳定性等特点，是每个人特有的，可以对个人外显的行为、态度提供统一的、内在的解释。

MBTI 把性格分析 4 个维度，每个维度上的包含相互对立的 2 种偏好

（图 5-4）。

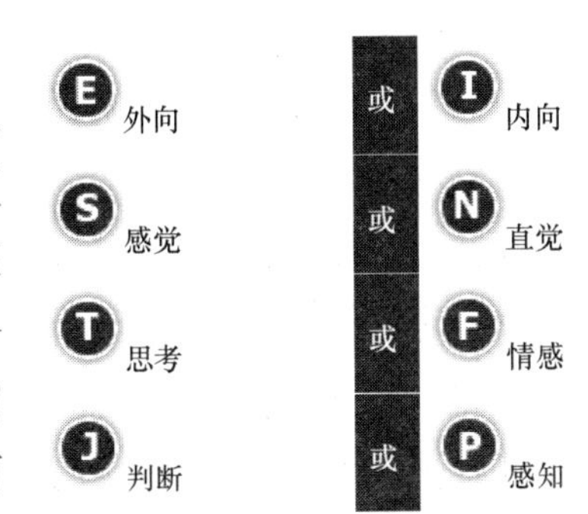

图 5-4　性格解析

其中，"外向 E——内向 I" 代表着各人不同的精力（Energy）来源；"感觉 S—直觉 N" "思考 T—情感 F" 分别表示人们在进行感知（Perception）和判断（Judgement）时不同的用脑偏好；"判断 J—感知 P" 针对人们的生活方式（Life Style）而言，它表明我们如何适应外部环境——在我们适应外部环境的活动中，究竟是感知还是判断发挥了主导作用。

ISTJ（检查员型），ISFJ（照顾者型），INFJ（博爱型），INTJ（专家型），ISTP（冒险家型），ISFP（艺术家型），INFP（哲学家型），INTP（学者型），ESTP（挑战者型），ESFP（表演者型），ENFP（公关型），ENTP（智多星型），ESTJ（管家型），ESFJ（主人型），ENFJ（教导型），ENTJ（统帅型）。

注：根据 1978－MBTI－K 量表，以上每种类型中又分 625 个小类型。

每一种性格类型都具有独特的行为表现和价值取向。了解性格类型是寻求个人发展、探索人际关系的重要开端。

5.2.4　MBTI 十六种人格类型

（1）MBTI 职业倾向测验-问卷及分析

MBTI（Myers-Briggs Type Indicator）是一份性格自测问卷，它由美国的心理学家 Katherine Cook Briggs（1875～1968 年）和她的心理学家女儿 Isabel Briggs Myers 根据瑞士著名的心理分析学家 Carl G. Jung（荣格）的心理类型理论和她们对于人类性格差异的长期观察和研究而著成。经过了长达 50 多年的研究和发展，MBTI 已经成为当今全球最著名和权威的性格测试。它的应用领域包括：

1）自我了解和发展；

2）职业发展和规划；

3）组织发展；

4）团队建设；

5）管理和领导能力培训；

6）解决问题能力；

7）情感问题咨询；

8）教育和学校科目的发展；

9）多样性和多元文化性培训；

10）学术咨询。

MBTI通过四项二元轴来测量人在性格和行为方面的喜好和差异。这四项轴分别为：

1）人的注意力集中所在和精力的来源：外向和内向；

2）人获取信息的方式：感知和直觉；

3）人做决策的方式：思考和感觉；

4）人对待外界和处事的方式：计划型和情绪型。

这四个轴的二元通过排列组合形成了16种性格类型（下面有这些类型主要特征的简单介绍），并可以参考一下哪些职业可能比较适合你的性格。当然所列举的只是一些较为常见的，并由研究表明此种性格类型较为容易成功的职业，仅供参考。

清楚地了解他人（家人、同事等）的性格特征，有利于减少冲突，使家庭和睦，使团队合作更有效。总之，只要你是认真真实地填写了测试问卷，那么通常情况下你都能得到一个确实和你的性格相匹配的类型。希望你能从中或多或少地获得一些有益的信息。

（2）MBTI各种性格类型的主要特征

1）ISTJ（检查员型）

安静、严肃，通过全面性和可靠性获得成功。务实，有责任感。决定有逻辑性，并一步步地朝着目标前进，不易分心。喜欢将工作、家庭和生活都安排得井井有条。重视传统和忠诚。

① 严肃、安静，借助集中心志与全力投入以及可被信赖而获得成功。

② 行事务实、有序、逻辑、真实及可信赖。

③ 十分留意且乐于任何事，工作、居家、生活均有良好组织及有序。

④ 负责任。

⑤ 照设定成效来作出决策且不畏阻挠与闲言，会坚定为之。

⑥ 重视传统与忠诚。

⑦ 传统性的思考者或经理。

2）ISFJ（照顾者型）

安静、友好、有责任感和良知。坚定地致力于完成他们的任务。全面、勤勉、精确，忠诚、体贴，留心和记得他们重视的人的小细节，关心他们的感受。努力把工作和家庭环境营造得有序而温馨。

① 安静、和善、负责任且有良心。

② 行事尽责投入。

③ 安定性高，常居项目工作或团体之安定力量。

④ 愿投入、吃苦及力求精确。

⑤ 兴趣通常不在于科技方面。对细节事务有耐心。

⑥ 忠诚、考虑周到、知性且会关切他人感受。

⑦ 致力于创构有序及和谐的工作与家庭环境。

3）INFJ（博爱型）

寻求思想、关系、物质等之间的意义和联系。希望了解什么能够激励人，对人有很强的洞察力。有责任心，坚持自己的价值观。对于怎样更好地服务大众有清晰的远景。在对于目标的实现过程中有计划而且果断坚定。

① 因为坚忍、创意及必须达成的意图而能成功。

② 会在工作中投注最大的努力。

③ 默默强力地、诚挚地及用心地关切他人。

④ 因坚守原则而受敬重。

⑤ 提出造福大众利益的明确远景而为人所尊敬与追随。

⑥ 追求创见、关系及物质财物的意义及关联。

⑦ 想了解什么能激励别人及对他人具洞察力。

⑧ 光明正大且坚信其价值观。

⑨ 有组织且果断地履行其愿景。

4）INTJ（专家型）

在实现自己的想法和达成自己的目标时有创新的想法和非凡的动力。能很快洞察到外界事物间的规律并形成长期的远景计划。一旦决定做一件事就会开始规划并直到完成为止。多疑、独立，对于自己和他人能力和表现的要求都非常高。

① 具有强大的动力与意愿来达到目的。

② 有宏大的愿景且能快速在众多外界事件中找出有意义的模范。

③ 对所承负职务，具良好能力于策划工作并完成。

④ 具有怀疑心、挑剔性、独立性、果决，对专业水准及绩效要求高。

5）ISTP（冒险家型）

灵活、忍耐力强，是个安静的观察者，直到有问题发生，就会马上行动，找到实用的解决方法。分析事物运作的原理，能从大量的信息中很快地找到关键的症结所在。对于原因和结果感兴趣，用逻辑的方式处理问题，重视效率。

① 冷静旁观者—安静、预留余地、弹性及会以无偏见的好奇心与未预期原始的幽默观察与分析。

② 有兴趣于探索原因及效果，技术事件是为何及如何运作且使用逻辑的原理组构事实、重视效能。

③ 擅长于掌握问题核心及找出解决方式。

④ 分析成事的缘由且能实时由大量资料中找出实际问题的核心。

6）ISFP（艺术家型）

安静、友好、敏感、和善，享受当前，喜欢有自己的空间，喜欢能按照自己的时间表工作。对于自己的价值观和自己觉得重要的人非常忠诚，有责任心。不喜欢争论和冲突。不会将自己的观念和价值观强加到别人身上。

① 羞怯、安宁和善、敏感、亲切，且行事谦虚。

② 喜于避开争论，不对他人强加己见或价值观。

③ 无意于领导却常是忠诚的追随者。

④ 办事不急躁，安于现状无意于以过度的急切或努力破坏现况，且非成果导向。

⑤ 喜欢有自己的空间及照自订的时程办事。

7）INFP（哲学家型）

理想主义，对于自己的价值观和自己觉得重要的人非常忠诚。希望外部的生活和自己内心的价值观是统一的。好奇心重，很快能看到事情的可能性，能成为实现想法的催化剂。寻求理解别人和帮助他们实现潜能。适应力强，灵活，善于接受，除非是有悖于自己的价值观的。

① 安静观察者，具理想性与对其价值观及重要之人具忠诚心。

② 希望外在生活形态与内在价值观相吻合。

③ 具好奇心且很快能看出机会所在。常担负开发创意的触媒者。

④ 除非价值观受侵犯，行事会具弹性、适应力高且承受力强。

⑤ 具想了解及发展他人潜能的企图。想做太多且做事全神贯注。

⑥ 对所处境遇及拥有不太在意。

⑦ 具适应力、有弹性除非价值观受到威胁。

8）INTP（学者型）

对于自己感兴趣的任何事物都寻求找到合理的解释。喜欢理论性和抽象的事物，热衷于思考而非社交活动。安静、内向、灵活、适应力强。对于自己感兴趣的领域有超凡的集中精力深度解决问题的能力。多疑，有时会有点挑剔，喜欢分析。

① 安静、自持、弹性及具适应力。

② 特别喜爱追求理论与科学事理。

③ 习于以逻辑及分析来解决问题——问题解决者。

④ 最有兴趣于创意事务及特定工作，对聚会与闲聊无大兴趣。

⑤ 追求可发挥个人强烈兴趣的生涯。

⑥ 追求发展对有兴趣事务之逻辑解释。

9）ESTP（挑战者型）

灵活、忍耐力强，实际，注重结果。觉得理论和抽象的解释非常无趣。喜欢积极地采取行动解决问题。注重当前，自然不做作，享受和他人在一起的时刻。喜欢物质享受和时尚。学习新事物最有效的方式是通过亲身感受和练习。

① 擅长现场实时解决问题—解决问题者。

② 喜欢办事并乐于其中的过程。

③ 倾向喜好技术及运动，结交志同道合友人。

④ 具有适应性、容忍度、务实性，精力集中，工作出色。

⑤ 不喜欢冗长概念的解释及理论。

⑥ 最专注于可操作、处理、分解或组合的真实事务。

10）ESFP（表演者型）

外向、友好、接受力强。热爱生活、人类和物质上的享受。喜欢和别人一起将事情做成功。在工作中讲究常识和实用性，并使工作显得有趣。灵活、自然不做作，对于新的任何事物都能很快地适应。学习新事物最有效的方式是和他人一起尝试。

① 具有外向、和善、接受性的特点，乐于与他人分享快乐。

② 喜欢与他人一起工作、学习。

③ 分析、判断事件未来的发展并会积极参与。

④ 最擅长人际关系，具备完备的人际关系常识，很有灵活性，能立即适应他人与环境。

⑤ 对生命、人、物质享受的热爱者。

11）ENFP（公关型）

热情洋溢、富有想象力。认为人生有很多的可能性。能很快地将事情和信息联系起来，然后很自信地根据自己的判断解决问题。总是需要得到别人的认可，也总是准备着给予他人赏识和帮助。灵活、自然不做作，有很强的即兴发挥的能力，言语流畅。

① 充满热忱、精力充沛、聪明、富想象力，视生命充满机会，但期待能得到他人肯定与支持。

② 几乎能干成所有有兴趣的事。

③ 对难题很快有对策，并能对有困难的人施予援手。

④ 依赖很强的能力，而无须做提前准备。

⑤ 为达到目的，常能找出强制自己为之的理由。

⑥ 即兴执行者。

12）ENTP（智多星型）

反应快、睿智，有激励别人的能力，警觉性强、直言不讳。在解决新的、具有挑战性的问题时机智而有策略。善于找出理论上的可能性，然后再用战略的眼光分析。善于理解别人。不喜欢例行公事，很少会用相同的方法做相同的事情，倾向一个接一个地发展新的爱好。

① 反应快、聪明、长于多样事务。

② 具有激励伙伴、敏捷及直言讳的专长。

③ 会为了兴趣，对问题的两面性加以分析。

④ 对解决新的及挑战性的问题富有策略，但会轻忽或厌烦经常的任务与细节。

⑤ 兴趣多元，易倾向转移至新生的兴趣。

⑥ 对所要想做的事情，会有技巧地找出有逻辑的理由。

⑦ 善于看清楚他人，有智慧去解决新的或有挑战性的问题。

13）ESTJ（管家型）

实际、现实主义。果断，一旦下决心就会马上行动。善于将项目和人组织起来将事情完成，并尽可能用最有效率的方法得到结果。注重日常的细节。有一套非常清晰的逻辑标准，有系统性地遵循，并希望他人也同样遵循。在实施计划时强而有力。

① 务实、真实、事实倾向，具备做企业或做技术的天分。

② 不喜欢抽象理论，最喜欢学习，并将所学知识立即运用于实践。

③ 喜好组织与管理活动，且专注以最有效率方式行事以达到成效。

④ 具有决断能力、关注细节且很快作出决策—优秀的行政者。

⑤ 会忽略他人感受。

⑥ 喜欢作领导者或企业主管。

14）ESFJ（主人型）

热心肠、有责任心、合作。希望周边的环境温馨而和谐，并为此果断地执行。喜欢和他人一起精确并及时地完成任务。事无巨细都会保持忠诚。能体察到他人在日常生活中的所需并竭尽全力帮助。希望自己和自己的所为能受到他人的认可和赏识。

① 诚挚、爱说话、合作性高、受欢迎、光明正大的—天生的合作者及活跃的组织成员。

② 重和谐且善于创造和谐。

③ 常作对他人有益的事情。

④ 给他人予鼓励并称许会有更佳的工作成效。

⑤ 对直接或间接影响人们生活的事情最有兴趣。

⑥ 喜欢与他人共事，去准确且准时地完成工作。

15）ENFJ（教导型）

热情、为他人着想、易感应、有责任心。非常注重他人的感情、需求和动机。善于发现他人的潜能，并希望能帮助他们实现。能成为个人或团体成长和进步的催化剂。忠诚，对于赞扬和批评都会积极地回应。友善、好社交。在团体中能很好地帮助他人，并有鼓舞他人的领导能力。

① 热忱、易感应及负责任—具能鼓励他人的领导风格。

② 对别人所想或要求会表达真正关切，且切实用心去做。

③ 能怡然且技巧性地带领团体讨论或演示文稿提案。

④ 爱交际、受欢迎及富有同情心。

⑤ 对称赞及批评很在意。

⑥ 喜欢带引别人且能使别人或团体发挥潜能。

16）ENTJ（统帅型）

坦诚、果断，有天生的领导能力。能很快看到公司/组织程序和政策中的不合理性和低效能性，发展并实施有效和全面的系统来解决问题。善于做长期的计划和目标的设定。通常见多识广，博览群书，喜欢拓广自己的知识面并将此分享给他人。在陈述自己的想法时非常强而有力。

① 坦诚、具决策力的活动领导者。

② 善于发展与实施广泛的系统，以解决组织的问题。

③ 专注于具有内涵与智能的谈话，如对公众演讲。

④ 乐于经常吸收新鲜事物，且能广开信息渠道。

⑤ 易于过度自信，会喜欢表达自己的观点。

⑥ 喜于长远规划及目标设定。

（3）MBTI 各种性格类型介绍

1）ISTJ

ISTJ 型的人是严肃的、有责任心的和通情达理的社会坚定分子。他们重视承诺、值得信赖，对他们来说，言语就是庄严的宣誓。ISTJ 型的人工作缜密，讲求实际，很有头脑也很现实。具有很强的集中力、条理性和准确性。无论做什么，都相当有条理和可靠。具有坚定不移、深思熟虑的思想，一旦着手自己相信是最好的行动计划时，就很难转变或变得沮丧。ISTJ 型的人特别安静和勤奋，对于细节有很强的记忆和判断。能够引证准确的事实支持自己的观点，把过去的经历运用到现在的决策中。重视和利用符合逻辑、客观的分析，以坚持不懈的态度准时地完成工作，并且总是安排有序，很有条理。重视必要的理论体系和传统惯例，对于那些不是如此做事的人则很反感。ISTJ 型的人总是很传统、谨小慎微。聆听和喜欢确实、清晰地陈述事物。ISTJ 型的人天生不喜欢显露，即使危机时，也显得很平静。总是显得责无旁贷、坚定不变，但是在其冷静的外表之下，也许有强烈却很少表露的反应。

适合领域：工商业领域、政府机构、金融银行业、技术领域、医务领域

适合职业：审计师、会计、财务经理、办公室行政管理、后勤和供应管理、中层经理、公务（法律、税务）执行人员等；银行信贷员、成本估价师、保险精算师、税务经纪人、税务检查员等；机械、电气工程师、计算机程序员、数据库管理员、地质、气象学家、法律研究者、律师等；外科医生、药剂师、实验室技术人员、牙科医生、医学研究员等。

2）ISFJ

ISFJ 型的人忠诚、有奉献精神和同情心，理解别人的感受。他们意志清醒而有责任心，乐于为人所需。ISFJ 型的人十分务实，喜欢平和谦逊的人。喜欢利用大量的事实，对于细节则有很强的记忆力。他们耐心地对待任务的整个阶段，喜欢事情能够清晰明确。ISFJ 型的人具有强烈的职业道德，所以他们如果知道自己的行为真正有用时，会对需要完成的事承担责任。他们准确系统地完成任务。具有传统的价值观，十分保守。利用符合实际的判断标准做决定，通过出色的注重实际的态度增加了稳定性。

ISFJ 型的人平和谦虚、勤奋严肃。他们温和、圆滑，支持朋友和同伴。乐于协助别人，喜欢实际可行地帮助他人。他们利用个人热情与人交往，在困难中与他人和睦相处。ISFJ 型的人不喜欢表达个人情感，但实际上对于大多数的情况和事件都具有强烈的个人反应。他们关心、保护朋友，愿意为朋友献身，有为他人服务的意识，愿意完成他们的责任和义务。

适合领域：无明显领域特征。医护领域、消费类商业、服务业领域。

适合职业：行政管理人员、总经理助理、秘书、人事管理者、项目经理、物流经理、律师助手等；外科医生及其他各类医生，如家庭医生、牙科医生、护士、药剂师、医学专家、营养学专家、医药顾问等；零售店、精品店业主、大型商场、酒店管理人员、室内设计师等。

3）INFJ

INFJ 型的人生活在思想的世界里。他们是独立的、有独创性的思想家，具有强烈的感情、坚定的原则和正直的人性。即使面对怀疑，INFJ 型的人仍相信自己的看法与决定。他们对自己的评价高于其他的一切，包括流行观点和存在的权威，这种内在的观念激发着他们的积极性。INFJ 型的人通常具有本能的洞察力，能够看到事物更深层的含义。即使他人无法分享他们的热情，但灵感对于他们重要而令人信服。

INFJ 型的人忠诚、坚定、富有理想。他们珍视正直，十分坚定以至达到倔强的地步。他们有很强的说服能力，对公共利益最有利的事情有清楚的看法。INFJ 型的人会成为伟大的领导者。由于他们的贡献，通常会受到尊重或敬佩。因为珍视友谊和和睦，INFJ 型的人喜欢说服别人，使之相信他们的观点是正确的。通过运用嘉许和赞扬，而不是争吵和威胁，他们赢得了他人的合作。愿意毫无保留地激励同伴，避免争吵。INFJ 型的人通常是深思熟虑的决策者，他们觉得问题使人兴奋，在行动之前通常要仔细地考虑。喜欢每次全神贯注于一件事情，这会造成一段时期的专心致志。满怀热情与同情心，INFJ 型的人强烈地渴望为他人的幸福做贡献。他们注意其他人的情感和利益，能够很好地处理复杂的人。INFJ 型的人本身具有深厚复杂的性格，既敏感又热切。他们内向，很难被人了解，但是愿意同自己信任的人分享内在的自我。往往有一个交往深厚、持久的小规模的朋友圈，在合适的氛围中能产生充分的个人热情和激情。

适合领域：咨询、教育、科研等领域，文化、艺术、设计等领域。

适合职业：心理咨询工作者、心理诊疗师、职业指导顾问、大学教师（人文类、艺术类）、心理学、教育学、社会学、哲学及其他领域的研究人员等；作家、诗人、剧作家、电影编剧、电影导演、画家、雕塑家、音乐家、艺术顾问、建筑师、设计师等。

4）INTJ

INTJ 型的人是完美主义者。他们强烈地要求个人自由和能力，同时在他们独创的思想中，不可动摇的信仰促使他们达到目标。INTJ 型的人思维严谨、有逻辑性、足智多谋，能够看到新计划实行后的结果。对自己和别人都很苛求，往往几乎同样严格地要求别人和自己。他们并不十分受冷漠与批评的干扰，作为所有性格类型中最独立的，INTJ 型的人更喜欢以自己的方式行事。面对相反意见，他们通常持怀疑态度，十分坚定和坚决。权威本身不能强制他们，只有他们认为这些规则对自己更重要的目标有用时，才会去遵守。INTJ 型的人是天生的谋略家，具有独特的思想、伟大的远见和梦想。他们天生精于理论，对于复杂而综合的理论能灵活运用。他们是优秀的战略思想家，通常能清楚地看到任何局势的利处和缺陷。对于感兴趣的问题，他们是出色的、具有远见和见解的组织者。如果是他们自己形成的看法和计划，则会投入不可思议的注意力、能量和积极性。领先到达或超过自己的高标准的决心和坚忍不拔，使其获得许多成就。

适合领域：科研、科技应用技术咨询、管理咨询金融、投资领域创造性行业。

适合职业：各类科学家、研究所研究人员、设计工程师、系统分析员、计算机程序师、研究开发部经理等；各类技术顾问、技术专家、企业管理顾问、投资专家、法律顾问、医学专家、精神分析学家等；经济学家、投资银行研究员、证券投资和金融分析员、投资银行家、财务计划人、企业并购专家等；各类发明家、建筑师、社论作家、设计师、艺术家等。

5）ISTP

ISTP 型的人坦率、诚实、讲求实效，喜欢行动而非夸夸其谈。他们很谦逊，对于完成工作的方法有很好的理解力。ISTP 型的人擅长分析，所以他们对客观含蓄的原则很有兴趣。他们对于技巧性的事物有天生的理解力，通常精于使用工具和进行手工劳动。他们往往做出有条理而保密的决定。他们仅仅是按照自己所看到的、有条理而直接地陈述事实。ISTP 型的人好奇心强，而且善于观察，只有理性、可靠的事实才能使他们信服。他们重视事实，重视事实就是他们取胜的关键。他们是现实主义者，所以能够很好地利用可获得的资源，同时善于把握时机，这使他们变得很讲求实效。ISTP 型的人平和而寡言，往往显得冷酷而清高，而且容易害羞，除了是在与好朋友在一起时。他们平等、公正。他们往往受冲动的驱使，对于随时发生的挑战和问题具有相当的适应性和反应能力。他们喜欢行动和兴奋的事情，且乐于户外活动和运动。

适合领域：技术领域，证券、金融业贸易、商业领域户外、运动、艺术等领域。

适合职业：机械、电气、电子工程师、各类技术专家和技师、计算机硬件、系统集成专业人员等；证券分析师、金融、财务顾问、经济学研究者等；贸易商、商品经销商、产品代理商（有形产品为主）等；警察、侦探、体育工作者、赛车手、飞行员、雕塑家、手工制作者、画家等。

6）ISFP

ISFP 型的人平和、敏感，他们保持着许多强烈的个人理想和自己的价值观念。他们更多的是通过行为而不是言辞表达自己深沉的情感。ISFP 型的人谦虚而缄默，但实际上是具有巨大的友爱和热情之人，但是除了与相知和信赖的人在一起外，他们不经常表现出自我的另一面。因为 ISFP 型的人不喜欢直接地自我表达，所以常常被误解。ISFP 型的人有耐心、灵活，很容易与他人相处，很少支配或控制别人。他们很客观，以一种实事求是的方式接受他人的行为。他们善于观察周围的人和物，却不寻求发现动机和含义。ISFP 型的人完全生活在现实生活中，他们的准备或计划往往不会多于必需，他们是很好的短期计划制定者。因为他们喜欢享受目前的经历，而不继续向下一个目标兑现，所以他们对完成工作感到很放松。ISFP 型的人对于从经历中直接了解和感受的东西很感兴趣，常常富有艺术天赋和审美感，力求为自己创造一个美丽而隐蔽的环境。没有想要成为领导者，ISFP 型的人经常是忠诚的追随者和团体成员。因为他们利用个人的价值标准去判断生活中的每一件事，所以他们喜欢那些花费时间去认识他们和理解他们内心的忠诚之人。他们需要最基本的信任和理解，在生活中需要和睦的人际关系，对于冲突和分歧则很敏感。

适合领域：手工艺、艺术领域；医护领域、商业、服务业领域。

适合职业：时装、首饰设计师、装潢、园艺设计师、陶器、乐器、卡通、漫画制作者、素描画家、舞蹈演员、画家等；出诊医生、出诊护士、理疗师、牙科医生、个人健康和运动教练等；餐饮业、娱乐业业主、旅行社销售人员、体育用品、个人理疗用品销售员等。

7）INFP

INFP 型的人把内在的和谐视为高于其他一切。他们敏感、理想化、忠诚，对于个人价值具有一种强烈的荣誉感。他们个人信仰坚定，有为自认为有价值的事业献身的精神。INFP 型的人对于已知事物之外的可能性很感兴趣，精力集中于他们的梦想和想象。思维开阔，有好奇心和洞察力，常常具有出色的长远眼光。在日常生活中，他们通常灵活多变、具有忍耐力和适应性，但是非常坚定地对待内心的忠诚，为自己设定了事实上几乎是不可能的标准。INFP 型的人具有许多使他们忙碌的理由。他们十分坚定地完成自己所选择的事情，往往承担得太多，但不管怎样总要完成每件事。虽然对外部世界显得冷淡缄默，但 INFP 型的人很关心内在。他们富有同情心、理解力，对于别人的情感很敏感。除了价值观受到威胁外，他们总是避免冲突，没有兴趣强迫或支配别人。INFP 型的人常常喜欢通过书写而不是口头来表达自己的感情。当 INFP 型的人劝说别人相信他们的想法的重要性时，可能是最有说服力的。INFP 很少显露强烈的感情，常常显得沉默而冷静。然而，一旦他们与你认识了，就会变得热情友好，但往往会避免肤浅的交往。他们珍视那些花费时间去思考目标与价值的人。

适合领域：创作性、艺术类；教育、研究、咨询类。

适合职业：各类艺术家、插图画家、诗人、小说家、建筑师、设计师、文学编辑、艺术指导、记者等大学教师（人文类）、心理学工作者、心理辅导和咨询人员、社科类研究人员、社会工作者、教育顾问、图书管理者、翻译家等。

8）INTP

INTP 型的人是解决理性问题者。他们很有才智和条理性，以及创造才华的突出表现。INTP 型的人外表平静、缄默、超然，内心却专心于分析问题。他们苛求精细、惯于怀疑。他们努力寻找和利用原则以理解许多想法。喜欢有条理和有目的的交谈，而且可能会仅仅为了高兴，争论一些无益而琐细的问题。只有有条理的推理才会使他们信服。INTP 型的人通常是足智多谋、有独立见解的思考者。他们重视才智，对于个人能力有强烈的欲望，有能力也很感兴趣向他人挑战。INTP 型的人最主要的兴趣在于理解明显的事物之外的可能性。他们乐于为了改进事物的目前状况或解决难题而进行思考。他们的思考方式极端复杂，而且能很好地组织概念和想法。偶尔，他们的想法非常复杂，以致很难向别人表达和被他人理解。

INTP 型的人十分独立，喜欢冒险和富有想象力的活动。他们灵活易变、思维开阔，更感兴趣的是发现有创见而且合理的解决方法，而不是仅仅看到成为事实的解决方式。

适合领域：计算机技术、理论研究、学术领域专业领域创造性领域。

适合职业：软件设计员、系统分析师、计算机程序员、数据库管理、故障排除专家等；大学教授、科研机构研究人员、数学家、物理学家、经济学家、考古学家、历史学家等；证券分析师、金融投资顾问、律师、法律顾问、财务专家、侦探等；各类发明家、作家、设计师、音乐家、艺术家、艺术鉴赏家等。

9）ESTP

ESTP 型的人不会焦虑，因为他们是快乐的。ESTP 型的人活跃、随遇而安、天真率直。他们乐于享受现在的一切而不是为将来计划什么。ESTP 型的人很现实，他们信任和依赖于自己对这个世界的感受。他们是好奇而热心的观察者。因为他们接受现在的一切，所以思维开阔，能够容忍自我和他人。ESTP 型的人喜欢处理、分解与恢复原状的真实事物。ESTP 型的人喜欢行动而不是漫谈，当问题出现时，乐于去处理。他们是优秀的解决问题的人，这是因为他们能够掌握必要的事实情况，然后找到符合逻辑的明智的解决途径，而无须浪费大量的努力或精力。他们会成为适宜外交谈判的人，乐于尝试非传统的方法，而且常常能够说服别人给他们一个妥协的机会。能够理解晦涩的原则，在符合逻辑的基础上，而不是基于他们对事物的感受之上做出决定。因此，他们讲求实效，在情况必须时非常强硬。在大多数的社交场合中，ESTP 型的人很友善，富有魅力、轻松自如而受人欢迎。在任何有他们的场合中，他们总是爽直、多才多艺和有趣，总有没完没了的笑话和故事。他们善于通过缓和气氛以及使冲突的双方相互协调，从而化解紧张的局势。

适合领域：贸易、商业、某些特殊领域；服务业、金融证券业娱乐、体育、艺术领域。

适合职业：各类贸易商、批发商、中间商、零售商、房地产经纪人、保险经济人、汽车销售人员、私家侦探、警察等；餐饮、娱乐及其他各类服务业的业主、主管、特许经营者、自由职业者等；股票经纪人、证券分析师、理财顾问、个人投资者等；娱乐节目主持人、体育节目评论、脱口秀、音乐、舞蹈表演者、健身教练、体育工作者等。

10）ESFP

ESFP型的人乐意与人相处，有一种真正的生活热情。他们顽皮活泼，通过真诚和玩笑使别人感到事情更加有趣。ESFP型的人脾气随和、适应性强，热情友好和慷慨大方。他们擅长交际，常常是别人的“注意中心”。他们热情而乐于合作地参加各种活动和节目，而且通常立刻能应对几种活动。ESFP型的人是现实的观察者，按照事物的本身去对待并接受它们。他们往往信任自己能够听到、闻到、触摸和看到的事物，而不是依赖于理论上的解释。因为喜欢具体的事实，对于细节有很好的记忆力，所以他们能从亲身的经历中学到最好的东西。共同的感觉给予他们与人和物相处的实际能力。喜欢收集信息，从中观察可能自然出现的解决方法。ESFP型的人对于自我和他人都能容忍和接受，往往不会试图把自己的愿望强加于他人。ESFP型的人通融和有同情心，通常许多人都真心地喜欢他们。能够让别人采纳他们的建议，所以他们很擅于帮助冲突的各方重归于好。他们寻求他人的陪伴，是很好的交谈者。乐于帮助旁人，偏好以真实有形的方式给予协助。ESFP型的人天真率直，很有魅力和说服力。他们喜欢意想不到的事情，喜欢寻找给他人带来愉快和意外惊喜的方法。

适合领域：消费类商业、服务业领域；广告业、娱乐业领域旅游业、社区服务等其他领域。

适合职业：精品店、商场销售人员、娱乐、餐饮业客户经理、房地产销售人员、汽车销售人员、市场营销人员（消费类产品）等；广告企业中的设计师、创意人员、客户经理、时装设计和表演人员、摄影师、节目主持人、脱口秀演员等；旅游企业中的销售、服务人员、导游、社区工作人员、自愿工作者、公共关系专家、健身和运动教练、医护人员等。

11）ENFP

ENFP型的人充满热情和新思想。他们乐观、自然、富有创造性和自信，具有独创性的思想和对可能性的强烈感受。对于ENFP型的人来说，生活是激动人生的戏剧。ENFP型的人对可能性很感兴趣，所以了解所有事物中的深远意义。具有洞察力，是热情的观察者，注意常规以外的任何事物。ENFP型的人好奇心强，喜欢理解而不是判断。ENFP型的人具有想象力、适应性和可变性，视灵感高于一切，常常是足智多谋的发明人。ENFP型的人不墨守成规，善于发现做事情的新方法，为思想或行为开辟新道路，并保持它们的开放。在完成新颖想法的过程中，ENFP型的人依赖冲动的能量。他们有大量的主动性，认为问题令人兴奋。他们也从周围其他人中得到能量，把自己的才能与别人的力量成功地结合在一起。EN-

FP 型的人具有魅力、充满生机。待人热情、彬彬有礼、富有同情心，愿意帮助别人解决问题。具有出色的洞察力和观察力，常常关心他人的发展。ENFP 型的人避免冲突，喜欢和睦。他们把更多的精力倾注于维持个人关系而不是客观事物，喜欢保持一种广泛的关系。

适合领域：广告创意、广告撰稿人，市场营销和宣传策划、市场调研人员、艺术指导、公关专家、公司对外发言人等。

适合职业：儿童教育老师、大学老师（人文类）、心理学工作者、心理辅导和咨询人员、职业规划顾问、社会工作者、人力资源专家、培训师、演讲家等；记者（访谈类）、节目策划和主持人、专栏作家、剧作家、艺术指导、设计师、卡通制作者、电影、电视制片人等。

12）ENTP

ENTP 型的人喜欢兴奋与挑战。他们热情开放、足智多谋、健谈而聪明，擅长于许多事情，不断追求增加能力和个人权力。ENTP 型的人天生富有想象力，深深地喜欢新思想，留心一切可能性。有很强的首创精神，善于运用创造冲动。ENTP 型的人视灵感高于其他的一切，力求使他们的新颖想法转变为现实。好奇、多才多艺、适应性强，在解决挑战性和理论性问题时善于随机应变。ENTP 型的人灵活而率直，能够轻易地看出任何情况中的缺点，乐于出于兴趣争论问题的某方面。有极好的分析能力，是出色的策略谋划者。几乎一直能够为他们所希望的事情找出符合逻辑的推理。大多数 ENTP 型的人喜欢审视周围的环境，认为多数的规则和章程如果不被打破，便意味着屈从。有时他们的态度不从习俗，乐于帮助别人超出可被接受和被期望的事情。喜欢自在地生活，在每天的生活中寻找快乐和变化。ENTP 型的人可以富有想象力地处理社会关系，常常有许多的朋友和熟人。他们表现得很乐观，具有幽默感。ENTP 型的人吸引和鼓励同伴，通过他们富有感染力的热情，鼓舞别人加入他们的行动中。喜欢努力理解和回应他人，而不是判断他人。

适合领域：投资顾问、项目策划、投资银行、自我创业市场营销、创造性领域；公共关系、政治。

适合职业：投资顾问（房地产、金融、贸易、商业等）、各类项目的策划人和发起者、投资银行家、风险投资人、企业业主（新兴产业）等；市场营销人员、各类产品销售经理、广告创意、艺术总监、访谈类节目主持人、制片人等；公共关系专家、公司对外发言人、社团负责人、政治家等。

13）ESTJ

ESTJ 型的人高效率的工作，自我负责，监督他人工作，合理分配和处置资源，主次分明，井井有条；能制定和遵守规则，多喜欢在制度健全、等级分明、比较稳定的企业工作；倾向选择较为务实的业务，以有形产品为主；喜欢工作中带有和人接触、交流的成分，但不以态度取胜；不特别强调工作的行业或兴趣，多以职业角度看待每一份工作。ESTJ 型的人很善于完成任务；喜欢操纵局势和促使事情发生；具有责任感，信守承诺。喜欢条理性并且能记住和组织安排许多细节。及时和尽可能高效率、系统地开始达到目标。ESTJ 型的人被迫做决定。常常以自己过去的经历为基础得出结论。他们很客观，有条理性和分析能力，以及很强的推理能力。事实上，除了符合逻辑外，其他没有什么可以使他们信服。同时，ESTJ 型的人又很现实、有头脑、讲求实际。他们更感兴趣的是“真实的事物”，而不是诸如抽象的想法和理论等无形的东西。他们往往对那些认为没有实用价值的东西不感兴趣。他们知道自己周围将要发生的事情，而首要关心的则是目前。因为 ESTJ 型的人依照一套固定的规则生活，所以他们坚持不懈和值得依赖。他们往往很传统，有兴趣维护现存的制度。虽然对于他们来说，感情生活和社会活动并不像生活的其他方面那样重要，但是对于亲情关系，他们却固守不变。他们不但能很轻松地判断别人，而且还是条理分明的纪律执行者。ESTJ 型的人直爽坦率，友善合群。通常他们会很容易地了解事物，这是因为他们相信“你看到的便是你得到的”。

适合领域：无明显领域特征。

适合职业：大、中型外资企业员工、业务经理、中层经理（多分布在财务、营运、物流采购、销售管理、项目管理、工厂管理、人事行政部门）、职业经理人、各类中小型企业主管和业主。

14）ESFJ

ESFJ 型的人通过直接的行动和合作积极地以真实、实际的方法帮助别人。他们友好、富有同情心和责任感。ESFJ 型的人把同别人的关系放在十分重要的位置，所以往往具有和睦的人际关系，并且通过很大的努力以获得和维持这种关系。事实上，他们常常理想化自己欣赏的人或物。ESFJ 型的人往往对自己以及自己的成绩十分欣赏，因而对于批评或者别人的漠视很敏感。通常他们很果断，表达自己的坚定的主张，乐于事情能很快得到解决。ESFJ 型的人很现实，讲求实际、实事求是和安排有序。他们参与并能记住重要的事情和细节，乐于别人也能对自己的事情很确信。他们在自己的个人经历或在他们所信赖之人的经验之上制定计划或得出见解。他们知道并参与周围的物质世界，并喜欢具有主动性和创造性。ESFJ 型的人小心谨慎，也非常传统，因而能恪守自己的责任与承诺。他们支持现存制度，往往是委员会或组织机构中积极主动和乐于合作的成员，重视并能保持很好的社交关系。他们不辞劳苦地帮助他人，尤其在遇到困难或取得成功时，他们都很积极活跃。

适合领域：无明显领域特征。

适合职业：办公室行政或管理人员、秘书、总经理助理、项目经理、客户服务部人员、采购和物流管理人员等；内科医生及其他各类医生、牙科医生、护士、健康护理指导师、饮食学、营养学专家、小学教师（班主任）、学校管理者等；银行、酒店、大型企业客户服务代表、客户经理、公共关系部主任、商场经理、餐饮业业主和管理人员等。

15）ENFJ

ENFJ 型的人热爱人类，他们认为人的感情是最重要的。而且他们很自然地关心别人，以热情的态度对待生命，感受与个人相关的所有事物。由于他们很理想化，按照自己的价值观生活，因此 ENFJ 型的人对于他们所尊重和敬佩的人、事业和机构非常忠诚。他们精力充沛、满腔热情、富有责任感、勤勤恳恳、锲而不舍。ENFJ 型的人具有自我批评的自然倾向。然而，他们对他人的情感具有责任心，所以 ENFJ 型的人很少在公共场合批评人。他们敏锐地意识到什么是（或不是）合适的行为。他们彬彬有礼、富有魅力、讨人喜欢、深谙社会。ENFJ 型的人具有平和的性格与忍耐力，他们长于外交，擅长在自己的周围激发幽默感。他们是天然的领导者，受人欢迎而有魅力。他们常常得益于自己口头表达的天分。ENFJ 型的人在自己对情况感受的基础上做决定，而不是基于事实本身。他们对显而易见的事物之外的可能性，以及这些可能性以怎样的方式影响他人感兴趣。ENFJ 型的人天生具有条理性，他们喜欢一种有安排的世界，并且希望别人也是如此。即使其他人正在做决定，他们还是喜欢把问题解决了。ENFJ 型的人富有同情心和理解力，愿意培养和支持他人。能很好地理解别人，有责任感和关心他人。由于他们是理想主义者，因此通常能看到别人身上的优点。

适合领域：培训、咨询、教育、新闻传播、公共关系、文化艺术。

适合职业：人力资源培训主任、销售、沟通、团队培训员、职业指导顾问、心理咨询工作者、大学教师（人文学科类）、教育学、心理学研究人员等；记者、撰稿人、节目主持人（新闻、采访类）、公共关系专家、社会活动家、文艺工作者、平面设计师、画家、音乐家等。

16）ENTJ

ENTJ 型的人是伟大的领导者和决策者。他们能轻易地看出事物具有的可能性，很高兴指导别人，使他们的想象成为现实。他们是头脑灵活的思想家和伟大的长远规划者。因为 ENTJ 型的人很有条理和分析能力，所以通常对要求推理和才智的任何事情都很擅长。为了在工作中称职，他们通常会很自然地看出所处情况中可能存在的缺陷，并且立刻知道如何改进。他们力求精通整个体系，而不是简单地把它们作为现存的接受而已。ENTJ 型的人乐于完成一些需要解决的复杂问题，他们大胆地力求掌握使他们感兴趣的任何事情。ENTJ 型的人把事实看得高于一切，只有通过逻辑的推理才会确信。ENTJ 型的人渴望不断增加自己的知识基础，他们系统地计划和研究新情况。乐于钻研复杂的理论性问题，力求精通任何他们认为有趣的事物。对于行为的未来结果更感兴趣，而不是事物现存的状况。ENTJ 型的人是热心而真诚的天生的领导者，往往能够控制自己所处的任何环境。因为他们具有预见能力，并且向别人传播他们的观点，所以是出色的群众组织者。往往按照一套相当严格的规律生活，并且希望别人也是如此。因此，他们往往具有挑战性，同样艰难地推动自我和他人前进。

适合领域：工商业、政界；金融和投资领域；管理咨询、培训专业性领域。

适合职业：各类企业的高级主管、总经理、企业主、社会团体负责人、政治家等；投资银行家、风险投资家、股票经纪人、公司财务经理、财务顾问、经济学家企业管理顾问、企业战略顾问、项目顾问、专项培训师等；律师、法官、知识产权专家、大学教师、科技专家等。

第 6 章　员 工 心 理 调 节

前文提到过员工的心理与安全紧密相连，不仅如此，心理健康还和个人的前途、身体健康、幸福生活等各方面息息相关，员工的心理健康受到越来越多企业的关注。一个员工的心理健康，主要体现在 5 种心理状态上，分别是：职业压力感、职业倦怠感、职业方向感、组织归属感以及人际亲和感。一个心理健康的人无法保证任何时候都不会出现心理问题，因此心理干预与自我调节是必不可少的。

6.1　心 理 干 预 简 述

6.1.1　心理干预的概念

心理干预是在心理学理论指导下有计划、按步骤地对一定对象的心理活动、个性特征或心理问题施加影响，使之发生指向预期目标变化的过程。心理干预的手段包括心理治疗、心理咨询、心理康复、心理危机干预等。

健康促进是指在普通人群中建立良好的行为，思想和生活方式。健康促进包括以下内容：积极的心理健康：保护抗应急损伤的能力，增强自我控制，促进个人发展。危险因素：易感的人格因素或环境因素。保护因素：与危险因素相反。不易发生某种心理障碍的人格因素、行为方式或环境因素。

预防性干预是指有针对性地采取降低危险因素和增强保护因素的措施。包括普遍性干预、选择性预防干预、指导性预防干预三种方式。

心理咨询是指受过专业训练的咨询者依据心理学理论和技术，通过与来访者建立良好的咨询关系，帮助其认识自己，克服心理困扰，充分发挥个人的潜能，促进其成长的过程。

心理治疗是由受过专业训练的治疗者，在一定的程序中通过与患者的不断交流，在构成密切的治疗关系的基础上，运用心理治疗的有关理论和技术，使其产生心理、行为甚至生理的变化，促进人格的发展和成熟，消除或缓解其心身症状的心理干预过程。

健康促进面向普通人群，目标是促进心理健康和幸福。属于一级干预。预防性干预针对高危人群，目标是减少发生心理障碍的危险性。属于二级干预。心理治疗针对已经出现心理障碍的个体，目标是减轻障碍。属于三级干预。

对健康人，有心理困扰、社会适应不良、发生重大事件后生活发生重大变化的人以及综合医院临床各科的心理问题、精神科及相关的病人都应该进行心理干预。

6.1.2 心理干预的方法

现代人所面临的心理压力大多数是由社会现实环境所造成的，一些人现实与理想严重背离，从而产生持续的心理紧张和巨大的心理压力，导致身心疾病。故此，我们在享受现代物质文明的同时，要善于消除心理紧张和化解心理压力，提升精神生活质量。以下是自我心理干预的 8 种方法。

（1）自觉干预。“压力-疾病模式”是沿着以下脉络展开的：生活情境→压力知觉→情绪唤起→生理唤起→疾病。知觉干预通过作用于“压力知觉”这一环节，减少人们对压力知觉的反应，从而减少不必要的压力因素。将其运用到心理保健上，就是要注重“光明面”，忽略“阴暗面”，从而保持心理平衡。

（2）生理干预。当心理压力来临时，不妨试着让自己的呼吸慢下来，连续、缓慢地做 10 次深呼吸。深呼吸可使大脑供氧充足，同时使人心率减慢，情绪稳定。

（3）行为干预。当心情感到烦闷时，可以停下手中的工作，到阳台上去闻一闻花香，看一看天上的白云，或者上网冲一下浪，或者给最亲爱的人发个短信、打个电话等。经过以上或类似的行为干预，会暂时缓解心理压力，精神抖擞地重新投入到工作中去。

（4）关系干预。如果友人背叛了你，你完全可以改变以往一贯“善良”的禀性，把他从“好友”中“删除”，或疏远与对方的关系，通过此举产生“报复”后的快感，从而缓解心理压力。

（5）决策干预。在各种各样的机遇面前，要扬长避短，选择性地参与，选择你的强项，这比较容易取得成功，获得正性反馈，从而增强你的信心。

（6）比较干预。正确选择参照群体，选择在社会地位、工资待遇、家庭婚姻和生活条件上与自己基本相等或比自己差的人进行比较，从而获得心理上的平衡和满足感。

（7）观念干预。当在工作生活中遇到困难时，可以把它看作是命运的考验，看作是对手的挑战，看作是一次难得的改变命运的机遇，如此一来，你就会斗志昂扬，精神倍增。

（8）哲学干预。树立什么样的世界观和人生观，决定一个人有多大的作为；遇到艰难险阻时会作出什么样的反应，同时也决定一个人有什么样的精神境界。一定要树立正确的世界观和人生观。

6.2　企业员工的心理干预

美国著名人际关系专家卡耐基有一句格言：一个对自己的内心有完全支配能力的人，对他自己有权获得的任何其他东西也会有支配能力。企业发展与员工的自我管理成长息息相关，每一个企业在发展过程中都会遇到各种各样的挑战，甚至是遭遇瓶颈，这个时候企业需要企业职员发挥积极正面思考的力量与智慧，正确面对企业所进行的变革，以对企业和自己100%负责的态度投身到企业的建设中去。企业对员工进行心态管理，能让员工树立良好的心态，让员工的行为更符合企业的期望。使员工具有某些良好的心态特征，从而更有效地工作。

6.2.1　员工心理压力来源

心理压力指个体对某一没有足够能力应对的重要情景产生的紧张反应。在现代竞争激烈的社会大背景下，企业员工承受着很大的心理压力，究其原因主要有：

（1）超负荷的工作量

企业为了遵守信用，按时交货，不得不加班加点，甚至节假日连轴转，员工缺少应有的休息，情绪长期处于紧张状态。

（2）岗位安排不当

员工担任的工作不适合自己的气质、性格特点，或是从事自己不感兴趣的工作，或超出了自己的能力，根本无法胜任，这些都会使员工身心疲惫，承受很大的心理压力。

（3）缺少职业发展机会

企业内部缺少公平晋升的机会，晋升慢或晋升无望，造成员工情绪长期低落。

（4）缺乏沟通技能和人际协调能力

一些员工由于沟通技能欠缺，导致无法融入群体或易发生人际冲突，和同事、上级关系紧张或冷淡，心里感到孤独，或缺少人际协调能力，遭遇职场人际冲突时，无力协调解决而感到焦虑。

过度压力会影响员工身体健康，出现消化系统疾病、心悸、头痛、免疫力下降等问题；还会引起心理上的困扰，容易产生焦虑、紧张、易怒等消极情绪，注意力难集中，记忆、思维等能力下降，容易引起人际冲突；还会影响工作效率，处于过度压力下的员工对工作会产生厌倦感，逃避工作，工作倦怠、效率低下。因此，加强对员工进行压力调适指导，有着非常重要的现实意义。

6.2.2 员工关系管理

“员工关系”的概念首先出现在西方的人力资源管理中，在当时，由于社会的动荡，企业与员工之间的关系也从起初的普通矛盾转变为严重对抗，给企业乃至社会的正常发展带来了许多不稳定的因素，“员工关系”便应运而生。然而随着社会的发展，越来越多的企业逐渐认识到员工关系的重要性，并出现了大量的学者针对企业的员工关系管理进行了不同的研究。员工关系的基本含义，是指管理方与员工及团体之间产生的，由双方利益引起的表现为合作、冲突、力量和权力关系的总和，并受到一定社会中经济、技术、政策、法律制度和社会文化背景的影响。广义上讲，包括各级管理人员和人力资源职能管理人员，通过拟订和实施各项人力资源管理中的政策以及管理模式，通过协调企业中的员工关系，从而实现企业效益的最大化。狭义上讲，员工关系管理指的是企业和员工在进行沟通的过程中的管理，这样的沟通通常并非强制性的，而是富有激励性以及柔性的，企业利用员工关系管理以达到满足员工的心理需求的同时，还促进了企业的发展。员工关系具有密切性、稳定性、可控性和相互依存性的特点。

现代员工关系强调以“员工”为中心，良好的现代员工关系对于公司的发展以及公司员工之间的关系维系有着至关重要的作用。现代员工关系管理是建立在人力资源管理的基础上并利用人力资源管理系统中的绩效、薪酬等各个方面的管理手段来处理企业与员工、员工与员工之间的关系。对公司，能够营造一种良好的公司文化气氛；对员工，能够成为维系各个员工之间相互合作的关系，从而为促进公司的健康发展以及提升公司的综合竞争力提供有力保障，随着社会的进步以及经济的发展，越来越多的企业在经营过程中更关注对员工的人性化的管理，并在相关学者以及相关部门的推动下，国家的劳动法也在不断完善。

中国企业的员工关系管理应该有自己的模式。和谐员工关系建立通常需要达成三个目标：创造愉悦、和谐的工作环境和良好的员工关系氛围；加强沟通和理解；实现员工与组织的共同发展。如何建立一个和谐的员工关系，总的来说笔者认为需要做到以下几点：

（1）建立良好的企业价值观

企业的价值观规定了人们的基本思维模式和行为模式，或者说是习以为常的东西，是一种不需要思考就能够表现出来的东西，是一旦违背了它就感到不舒服的东西。因此，企业的价值观可以说是企业的伦理基准，是企业成员对事物共同的判定标准和共同的行为准则，是组织规范的基础。有了共同价值观，对某种行为或结果，组织成员都能够站在组织的立场做出一致的评价。这种一致的价值观既是组织特色，也是组织成员相互区分的思想和行为标识。

所以，认同共同的企业愿景和价值观，是建设和完善企业员工关系管理体系的前提和基础。

（2）申诉系统的建立

该系统建立总的一个出发点是：把问题发现、解决在公司内部，而不是在仲裁处、法院。建立一个申诉系统：一个对于员工情绪的进行反馈和处理的系统。具体讲，包括员工的抱怨、不满、所受的委屈；以及员工认为快乐的、积极的、应该在企业推行的措施制度等。也就是说，除了对常规的人力资源管理几个模块的反馈之外，建立申诉系统的意义在于，可以让管理者倾听到员工情绪方面的声音，从而使企业的反馈机制更加完善和健全。建立申诉系统时，应该在部门上、形式上形成与部门经理、人力资源管理部门的对立关系，可以采用电子邮件、论坛匿名发言等信息化技术手段。总之，申诉系统的核心在于将员工如果有受到委屈或不公正待遇的情绪，反馈给上层管理者，并且将问题公正、合理的解决，减少乃至消除员工的抱怨或不满情绪，并最终将问题发现、解决在公司内部。

（3）沟通管理

员工的有效沟通管理是员工劳动关系管理、员工的奖惩管理、员工的冲突管理等的基础。在沟通这方面可以分为组织内部沟通与组织外部沟通，同时组织内部沟通可以分为上下级沟通与同事级沟通。组织应该建立和谐的组织文化，组织存在的意义不仅仅是为了经济利益，同时也是员工的一个家。员工自己的沟通应该像家庭成员之间一样畅通无阻。

从狭义的概念上看，即从人力资源部门的管理职能看，员工关系管理主要有劳动关系管理、员工人际关系管理、沟通管理、员工情况管理、企业文化建设、服务与支持、员工关系管理培训等内容。

不论从影响企业和员工、员工与员工之间的联系的工作设计、人力资源的流动和员工激励三个方面，还是从员工关系管理的广义和狭义内容角度，我们都会发现，沟通渠道建设特别是涉及员工异动的员工成长管理，我们姑且称之为员工成长沟通管理是管理者进行员工关系管理的重点。

员工成长沟通管理的内容与目的：员工成长沟通可以细分为入职前沟通、岗前培训沟通、试用期间沟通、转正沟通、工作异动沟通、定期考核沟通、离职面谈、离职后沟通管理八个方面，从而构成一个完整的员工成长沟通管理体系，以改善和提升人力资源员工关系管理水平、为公司领导经营管理决策提供重要参考信息。

员工成长沟通管理的具体内容与类别浅析。

1）入职前沟通

沟通目的：重点对企业基本情况、企业文化、企业目标、企业经营理念、所竞聘岗位工作性质、工作职责、工作内容、加盟公司后可能遇到的工作困难等情况进行客观如实介绍，达到以企业理念凝聚人、以事业机会吸引人、以专业化和职业化要求选拔人的目的。

沟通时机：招聘选拔面试时进行。招聘主管负责对企业拟引进的中高级管理技术人才进行企业基本情况介绍等初步沟通，对拟引进的一般职位负责完成入职前沟通；对拟引进的中高级管理技术人才，人力资源部经理和公司主管领导完成入职前沟通。

2）岗前培训沟通

对员工上岗前必须掌握的基本内容进行沟通培训，以掌握企业的基本情况、提高对企业文化的理解和认同、全面了解企业管理制度、知晓企业员工的行为规范、知晓自己本职工作的岗位职责和工作考核标准、掌握本职工作的基本工作方法，以帮助员工比较顺利的开展工作，尽快融入企业，度过磨合适应期。

3）试用期间沟通

沟通目的：帮助新员工更加快速地融入企业团队，度过磨合适应期，尽量给新员工创造一个合适、愉快的工作环境，即使新员工最终被试用淘汰，那也是经过了企业的努力，淘汰属于员工自身的责任。

沟通责任者：人力资源部、新员工所属直接和间接上级。人力资源部主要负责对科室管理人员进行试用期间的沟通；科室管理人员以外的新员工沟通、引导原则上由其所属上级负责。

如何与员工达成有效沟通需具备相应的技巧：

① 要学会倾听。很多管理人员不愿意倾听，不重视倾听，喜欢自己不停地说，这是惯常的错误。学会倾听是沟通的重要部分，让诉说者充分表达自己的想法，说出内心真实的想法。倾听就是用心去听，听懂他人真正想要表达的意思。从述说者的眼神、语音、语调、躯体等方面看到一个人的心理。进行分析，从中找到问题的所在，确保心理沟通顺利进行。

② 沟通时要全神贯注。要求在沟通过程中全神贯注地聆听当事人讲话，认真观察其细微的情绪与本能的变化，并做出积极的回应；要求心理沟通者运用其言语与肢体语言来表现对当事人主述内容的关注与理解，使当事人感到他讲的每一句话、表露的每一情感都受到了心理沟通者的充分重视。由此可见，全神贯注是尊重的体现，也是同情的基石。在全神贯注当中，心理沟通者要随着当事人的主述做出一系列言语与体语的表示。

③ 肯定对方、尊重对方，学会换位思考。在承认、理解、接纳和尊重他人的基础上，才能赢得他人的承认、理解、接纳和尊重，所以换位思考、将心比心、以诚换诚的心态和行为来与他人相处，这样才能达到心灵的沟通和情感的共鸣。在沟通交往中要掌握的技巧主要是培养成功的心理品质和正确运用语言艺术。成功交往的心理品质包括诚实守信、谦虚、谨慎、热情助人，尊重理解，宽容豁达等，这些有助于提高交往艺术，取得较好的交往效果。

④ 要避免倾听时容易犯的错误。很用心地去倾听他人，慢慢听别人把话讲完，听出他内心世界里真实的声音。接受员工的抱怨，员工的抱怨和不满无非是一种发泄，发泄需要听众，而这些听众恰恰是员工最信任的

人，在员工信任的前提下，准确地认同其内心体验，积极地影响其讲话内容，推动其从不同角度审视其成长过程中的障碍与挫折，并通过适时的自我披露相关经历来增进与当事人的情感共鸣。

（4）职能部室负责人和人力资源部门是员工关系管理的首要责任人

在企业员工关系管理系统中，职能部室负责人和人力资源部门处于联结企业和员工的中心环节。他们相互支持和配合，通过各种方式，一方面协调企业利益和员工需求之间的矛盾，提高组织的活力和产出效率；另一方面他们通过协调员工之间的关系，提高组织的凝聚力，从而保证企业目标的实现。因此，职能部室负责人和人力资源部门是员工关系管理的关键，是实施员工关系管理的首要责任人，他们的工作方式和效果，是企业员工关系管理水平和效果的直接体现。

综上所述，员工关系管理的问题最终是人的问题，主要是管理者的问题。所以，管理者，特别是中高层管理者的观念和行为起着至关重要的作用。在员工关系管理和企业文化建设中，管理者应是企业利益的代表者，应是群体最终的责任者，应是下属发展的培养者，应是新观念的开拓者，应是规则执行的督导者。在员工关系管理中，每一位管理者能否把握好自身的管理角色，实现自我定位、自我约束、自我实现，乃至自我超越，关系到员工关系管理的成败和水平，更关系到一个优秀的企业文化建设的成败。或许，这才是每一个管理者进行员工关系管理时应该认真思考的问题。

6.2.3 企业激励机制

激励是一个心理学术语，是指激发人动机的心理过程。激发动机是指通过各种客观因素来引发和增强人行为的内在驱动力，即内驱力，使人始终处于一种兴奋的状态之中。激励的本质就是对人行为的一种刺激。激励这个词用于管理，是指创设满足员工各种需要的条件，激发员工的动机，调动员工的积极性和创造性，使之产生实现组织目标的特定过程。激励的过程，就是管理者引导并促进工作群体或个人产生有利于管理目标行为的过程。

在人力资源管理的四个基本目的：选人、用人、育人、留人，其中最关键是如何用好人，使人岗匹配、人岗相宜。用人的核心是激励。因此，古今中外的优秀领导者，先进的企业都非常善于运用各种各样的激励形式，以达到聚人心、鼓士气、达目标的目的。

现如今，每个企业都在改革的道路上不断完善自身的各项制度，而激励机制就在其中。在现阶段的人力资源管理制度下，其核心是员工激励机制和约束机制。科学的激励机制能够促进企业健康持续发展，反之则会引起企业经济效益的下降。如今企业的激励机制现状不容乐观，存在的问题一直阻碍着企业的发展，下面对问题做具体分析介绍。

（1）激励制度缺失，落实不力。有些企业，特别是一些中小企业缺乏现代企业管理理念，对企业员工的激励只是偶然行为，随意性较大。有些企业虽然建立了激励制度，也有专人负责执行，但由于没有其他配套的管理制度，使激励制度起不到应有的作用。例如，激励制度与考核制度有直接的联系，若考核制度不合理，那么就不可能有合理的激励机制。

（2）激励手段单一，缺乏针对性。许多企业实施激励措施时，简单地实行“一刀切”的激励方式，对员工的激励主要以物质激励为主，再加上良好的福利待遇来激发员工的积极性，很少考虑员工间人际关系、工作内容、职业规划等其他方面的需要，激励手段单一，同时在企业形成了“金钱至上”的不良氛围。

（3）薪酬制度不合理，缺少长效竞争激励机制，员工的积极性难以调动。在工资发放上，存在不合理现象，工资固定，导致员工缺乏竞争意识。而绩效奖金制度的不完善，则加剧了薪酬的不合理性。在实际的绩效奖金制度中，绩效和奖金部分，只是形式化地走走流程，这样，严重阻碍了高效竞争激励机制的建立。

（4）绩效考核体系不健全。目前我国在员工绩效管理中的考核，在考核层次设计上，存在着考核“等次”不细，反映不出员工的真实工作情况；在考核方向上，通道不顺畅，不是双向互相考核，而是大多以上级考核下级为主，而下级对上级的意见却只是过场性的或参考性的，导致下级感觉考核的公平性不足，不重视考核，工作情绪也容易受到影响；在评价体系上，考核评价内容不合理，考核结果也是大锅饭、平均主义，缺乏客观公正性，大多数企业的考核都不能作为奖惩的真实依据，使考核结果流于形式、走过场。

设计激励机制是一项综合性的工作。要将激励理论、激励模型和激励措施综合运用到企业的激励机制中，使企业的激励机制既能体现出激励理论的严谨性和系统性，又能体现出各种激励措施的适用性和灵活性，从而使企业的员工得到全方位和有效的激励。

基于企业员工重视个体能力的提升、关注工作本身的激励作用、重视企业的软硬件环境等需求特点，并且为能体现努力—绩效—报酬—满意感这样一个循环过程，为企业设计了以个体行为周期为主线，包括基于个人能力与组织环境的信息交流、基于知识分享与组织目标的工作行为、基于心理预期与实际报酬的评估分配三个环节的激励机制模型，并采用相关的激励措施来体现出对企业员工有效的，而且得到组织资源支持的薪酬福利、工作成就、职业培训、工作挑战、职业发展、人文环境、公司前途、工作自主和团队合作等多种因素的激励作用，图 6-1 为人的心理反馈图。

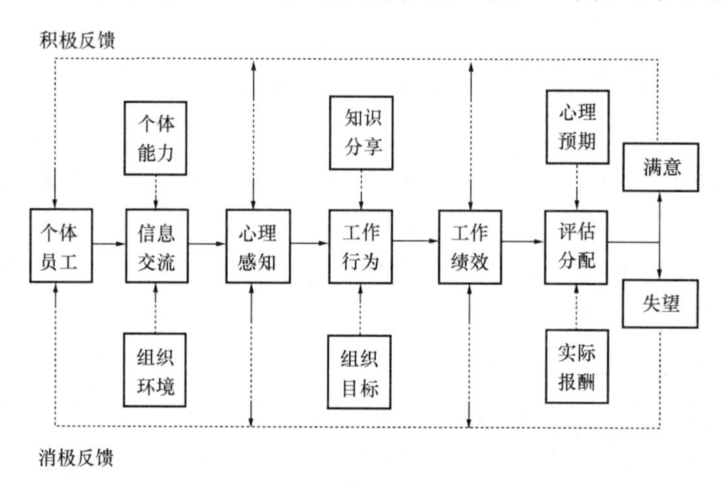

图 6-1　人的心理反馈图

建立有效的激励机制要注意解决的几个问题。

（1）学习引进先进的激励机制

一个企业要想效益优良，就必须有先进的激励机制作保障。但是，我们需要明确，先进的激励机制从何而来呢？首先，企业要充分学习相关的激励机制知识，同时，还要取人长补己短，通过深入的调研及走访学习，借鉴他人先进的激励机制。通过分析当前企业的实际情况，制定出适合自己企业的激励机制，保持激励机制的先进性、科学性与系统性。

（2）物质激励要和精神激励相结合

物质激励是通过物质刺激的手段，鼓励职工工作。它的主要表现形式有正激励和负激励，如发放工资、奖金、津贴、福利等为正激励，罚款等为负激励。物质需要作为人类的第一需要，是人们从事一切社会活动的基本动因。所以，物质激励作为激励的主要模式，也是目前我国企业内部使用非常普遍的一种激励方式。随着我国改革开放的深入和市场经济的逐步确立，“金钱是万能的”思想在相当一部分人的头脑中滋长起来，有些企业经营者也一味地认为只有奖金发足了才能调动职工的积极性。但在实践中，不少单位在使用物质激励的过程中，耗费多，预期目的却并未达到，职工的积极性不高，反倒贻误了发展的契机。尤其是一些企业在物质激励中为了避免矛盾，实行不偏不倚的原则，这种平均主义的分配方法非常不利于培养员工的创新精神，平均等于无激励，极大地抹杀了员工的积极性。而且目前还有相当一部分企业没有力量在物质激励上大做文章。我们都知道人类除了有物质上的需要外还有精神方面的需要，因此企业必须把物质激励和精神激励结合起来才能真正地调动广大员工的积极性。

（3）建立科学的绩效评价、奖酬机制

正确的评价工作必须首先设定科学的绩效评价指标体系。体系的确定必须从组织的战略目标出发，根据不同的工作特点、功能、战略地位来设计评价指标，评价指标体系必须符合透明、公平、公正的原则，哪些为主、哪些为辅，适宜量化的就应量化，不适于量化的也不必勉强，不适当的量化可能误入歧途，难以使评价达到公平公正的要求。根据评价结果，给予合理的报酬。报酬从性质上分为物质报酬和精神报酬两种。一般两者结合，兼而有之。物质报酬要体现多劳多得的原则。在满足物质需要的同时，注重精神激励例如表扬、奖励、树立典型等，使员工从心理上有一种的满足感，极大地提高他们工作的积极性。

（4）充分考虑员工的个体差异，实行差别激励的原则

激励的目的是提高员工工作的积极性。美国心理学家赫兹伯格经过对 11 家企业的调查认为影响工作积极性的主要因素也就是激励因素有：工作成就、工作成绩得到认可、工作本身具有挑战性、责任感、个人得到发展、成长和提升几个方面。这些因素对于不同企业所产生影响的排序是不同的。对于国外企业影响工作积极性的主要因素排序为：成就、认可、工作吸引力、责任、发展、福利报酬。国有企业影响工作积极性的主要因素排序为：公平与发展、认可、工作条件、报酬、人际关系、领导作风、基本需求；中外合资企业影响工作积极性的主要因素排序为：成就与认可、企业发展、工作激励、人际关系、基本需求、自主。由此可见，企业要根据不同的类型和特点制定激励制度，在制定激励机制时一定要考虑到个体差异。如女性员工相对而言对报酬更为看重，而男性则更注重企业和自身的发展；在年龄方面，一般 20～30 岁之间的员工自主意识比较强，对工作条件等各方面要求的比较高，因此“跳槽”现象较为严重，而 31～45 岁之间的员工则因为家庭等原因比较安于现状，相对而言比较稳定；在文

化方面，有较高学历的人一般更注重自我价值的实现，除物质利益外更看重精神方面的满足，例如工作环境、工作兴趣、工作条件等，这是因为他们在基本需求能够得到保障的基础上进而追求精神层次的需要，而学历相对较低的人则首要注重的是基本需求的满足；在职务方面，管理人员和一般员工之间的需求也有不同，因此企业在制定激励机制时一定要考虑到企业的特点和员工的个体差异，这样才能收到最大的激励效力。

6.2.4 员工心理疏导

社会的变迁和发展，企业的改革和兴衰，导致了员工思想的多样性。在新的历史时期，员工思想复杂多变，心理压力不断增大，思想和心理上的亚健康状况，要求传统的思想政治工作在形式和内容上不断创新，在开展思想政治教育的同时，关注好员工的精神需求和心理需求。人的思想和心理是有机统一、相互发生作用的。一个思想觉悟高的人发生心理问题后，会做出一些与其不相称的行为举动来，一个思想觉悟低的人发生心理问题后，后果更加严重。因此，企业思想政治工作既要从政治角度思考问题，更要从心理和精神角度研究问题，这样才能切实提高思想政治工作的有效性。

改革中最艰难的不是业务转型，也不是管理转型，而是广大员工的思想转型。这就说明员工的思想对于企业的影响，对于一个社会的影响是多么的重要。重视人与人的和谐，才能赢得经济、政治的和顺，推进企业的进步和发展。大多数企业都重视职工思想政治教育工作，但关注员工的心理健康、重视以疏导的方式教育引导职工、解决问题、消除矛盾的却不多。由于对员工心理问题的影响认识不足和重视程度不够，对员工心理状况缺乏调查研究和分析，更无法找到科学的解决办法，绝大多数企业并未真正做好员工心理疏导工作，一定程度上影响了劳动关系的和谐性，对企业管理和运行产生了负面的影响。当心理达到绝望程度时，就会出现诸如某单位职工跳楼等事件；当怨恨心理达到极限时，就会出现严重的社会不稳定事件等。对此，不得不让我们对企业劳资关系给予更多关注，同时也把员工心理疏导问题突现出来。

心理疏导从一般意义上理解是一种心理疾病的治疗方法，是利用心理学知识来改变人的认知、情绪、行为和意志，达到消除病症，治愈心理疾病和精神疾病的目的。从思想政治工作的角度理解，是通过语言和非语言的沟通方式，帮助人们进行心理调适，使其宣泄不良情绪，缓解心理压力，消除思想障碍，解决思想问题，从而促进人的心理和谐。它体现了“以人为本”的理念，是满足个人心理和精神需求的一种科学方法，是思想政治工作人本化的具体体现。

加强员工心理疏导要从燃气行业员工队伍的实际出发，具体从以下几个方面入手：

（1）加强教育引导

观念决定思路，思路决定出路，思想观念是解决所有问题的关键。心理疏导的价值在于为员工提供强大的价值导向和精神动力，帮助员工解决重大的人生观、价值观问题。要注重理论学习引导。

着力加强中国特色社会主义理论、社会主义核心价值体系普及教育，提高员工的思想觉悟。要注重主题活动引导。要坚持在了解、掌握员工的心态后，及时组织开展贴近实际、贴近员工、提升企业凝聚力的工作计划。要注重文化理念引导。通过宣传灌输企业文化理念，创造良好的文化氛围，培育共同价值观，促使员工心理相容。

（2）完善心理疏导机制

无论是加压还是减压，都离不开心理疏导，而“疏导”注重人文关怀和人性审视。它与教导、指导不同。教导和指导在思想政治工作中具有不可替代的功能，但教导往往耳提面命，缺乏亲和力；指导常常高高在上，难免束之高阁，往往不能真正解决教育对象内心的疑虑。而“疏导”不仅建立在对对象的尊重上，而且贴近对象的实际需要。因而，建立健全心理疏导配套机制十分重要，通过加强心态的检测、评估和预警，完善心态疏导、调适与平衡工作体系，促进工作情绪交流渠道畅通，避免不良心态积累恶变，引导心态良性变化，帮助员工在潜移默化中达到心理和谐。要适当加大心理卫生投入，如心理医疗、心理咨询、倾诉平台、心理健康讲座等，把人物关怀和心理疏导贯穿、渗透、体现于思想政治工作中，加强组织员工、员工与员工之间的交流沟通，及时帮助大家解决思想情绪、心理健康方面的问题。

（3）关注员工心灵感受和情感需求

运用思想政治工作中的心理学研究成果，抓住职工的心理特征和心理需求，加强教育的实际效果，实现管理效能。一要树立员工的主人翁意识。积极开展合理化建议征集、意见征求和思想调查等活动，畅通员工合理诉求的通道。对于员工的合理化建议，应予以积极采纳，对于员工取得的成绩，应给予大力表彰，让员工切实感受到作为主人翁的尊严和作用。

二要不拘一格使用人才。通过岗位竞聘、优秀人才选拔、技术比赛、组织考察等形式，把合适的人用在合适的岗位上，让每块金子都能发光。三要设定各专业发展通道。要认真分析员工在晋职升迁、个人提升等方面的愿望和需求，搭建员工素质提升平台和成长通道，帮助员工人尽其才、才尽其用，实现个人价值。

（4）加强员工心理素质的培养和训练

提高员工沟通减压的能力。要大力普及心理科学和心理健康知识，开展必要的心理咨询服务，消除员工知识结构中存在的心理学常识盲点，使员工能够主动、自觉地适应社会发展的需要，能有效地自我控制、自我调节、自我完善，提高道德判断能力和行为选择能力。

6.2.5 加强安全教育

（1）在员工思想麻痹时突出安全教育

安全生产呈现前所未有的良好局面，长周期安全无事故，是滋生思想麻痹的主要原因。

1）结合以往事故教训进行安全教育。

历史上留下的血的事故教训，在每一个人的脑海中却难以磨灭。事故教训提醒我们，成绩当中存在着不足，安全的表象隐含着危险隐患，往往因为一起责任事故，就葬送了企业安全生产、文明生产和各项达标成果，使企业安全生产顷刻间陷入被动的局面，更严重的是重特大灾难事故造成众多人员伤亡，不仅毁灭了遇难者的家庭，而且在社会上产生极坏的影响。安全生产的经验教训告诫我们：不是企业消灭事故，就是事故消灭企业，安全肯定一切，事故否定一切；骄傲是失败的起点，麻痹是事故的根源。事故本身虽然可怕，但更可怕的是花了血本却买不来教训，分析事故、吸取事故教训是预防事故的核心。同时，也是安全教育的过程。

2）事故发生前进行安全教育。

现代安全教育，应突出“事故前防范型”教育为重点的新理念，以求得人因事故防范最佳策略，在员工没有受到伤害前阻止违章行为是对员工最大的关爱。因此，越是在生产安全的“盛世”里，员工容易滋生思想麻痹与“存侥幸”心理时，越要强化安全管理，要反对习惯性违章，坚持经常回顾和分析以往反面事故教训，不断对员工进行安全思想教育，用更多正面信息来改善员工的不良情绪，振奋他们的工作热情和负责精神（比如，推广本企业安全生产先进人物，一丝不苟安全操作的正面经验），贯彻“安全第一，预防为主，综合治理”的安全工作方针，落实《中华人民共和国安全生产法》赋予从业人员的权利与义务，增强员工的安全观念、自我保护意识和岗位安全责任感，及时矫正员工中的各种不安全的心理“异常”和思想“障碍”，让“预防为主”铭记在心，就会见微知著，对于发现的设备缺陷和各类人因隐患，标本兼治，综合治理，切实地做到把各种不安全因素消灭在萌芽状态之中。

（2）根据员工的生物节律引起的心态进行安全教育

所谓生物节律，就是人的体力、情绪和智力周期性的变化规律。一个人从出生之日起，到离开世界为止，生物节律自始至终以每隔23天为“体力定律”、28天为“情绪定律”、33天为“智力定律”周期性变化。后来，人们将“体力定律”“情绪定律”“智力定律”总称为生物节律。生理学研究表明：人的生物节律对人心理状态产生影响。生物节律处于不同时期，人的生理、情绪、心理状态是不一样的。一些不安全行为，时常与人的生物节律有关。

根据人的生理特点和长期的安全分析研究，证明所有的人生物节律存在很大的差异，并且不断地按照下面三个阶段呈现周期性变化：即高潮期、低潮期、临界日。

1）高潮期。

人的体能充沛、精力旺盛、情绪饱满、反应灵敏、愉快乐观、适应性强、注意力集中、头脑清醒、热情好动、性格爽朗、责任心强、行动准确、善于思考、易于克服自己、遇事不轻率决定、一切活动都被愉悦的心境所笼罩，就会使工作效率高，不安全行为少。

2）低潮期。

体力下降、心情烦躁、判断迟钝、健忘、精神不集中、心绪消沉、动作呆板、思维与动作较迟缓、情绪发生慢且弱、工作效率低、一切活动都被一种抑郁的心境所笼罩，安全防护意识衰退，生产运行操作或检修作业时人为失误较多。

3）临界日。

人体内生理变化剧烈，各器官协调功能下降，处于极不稳定状态。表现为烦躁不安、头脑迟钝、心境变化激烈、主观任性、易动感情、不求甚解、理智自控能力差、粗枝大叶、丢三落四、工作热情忽冷忽热、遇事轻率决定、安全防范意识差、习惯性违章行为增多、极易出现危及生命安全或设备损坏差错。

那么，怎样才能知道自己的某一时期是处于“体力定律、情绪定律、智力定律”周期的哪一阶段呢？以“情绪定律”为例来介绍计算方法，总天数365×周岁＋从出生到现在的闰年数＋今年的生日至今天的天数，再用28去除总天数，所得的余数就是你想了解的那一天“情绪”周期的活动位置。如果想了解“体力定律”和“智力定律”活动情况的话，方法同“情绪定律”一样，只要用23或33去除总天数就可以了。三种节律周期不同，但如果有一天，两种节律的临界日同时来临，那么，这一天就被称为双重临界日。如果三种节律的临界日在同一天来临，该天就被称为三重临界日。如果，人的“体力、情绪、智力”生物节律，同时处于临界日，则称“危险日”。由于“危险日”期间，人的机体功能极不稳定，心理状态极差，极易发生安全事故。据此，可以看到人体生物节律与企业安全生产有密切的关系。因此，要重视人体生物节律引起的心态对安全生产的影响，关心员工心理健康和体能，有针对性、有目的地做好安全教育和不安全行为预防工作，最大限度地减少不安全因素。

1）现场判断人生物节律的简单方法。

头昏、心慌、健忘、反应迟钝、情绪烦躁、精神不集中等，是现场最简单又直观判断人生物节律处于低潮期或临界日时的检测法。在日常生活和工作中，常听到有人说：“今天点儿太低”。其实质就是此人生物节律处于低潮期。假如，到了“喝口凉水都塞牙，差错和失误不断”的地步，就是生物节律处于最危险的临界日。在安全生产上，企业领导者和安全监督人员在做好安全防护措施，加强安全管理的同时，更要注重现场安全监护，必要时可以进行人员调整，确保安全生产。虽然人的生物节律各有差异，但是，它有一个共性规律。

2）影响人生物节律有关因素。

事故统计分析表明：一周中事故发生较多的概率往往在周始和周末。因为人的生产劳动行为也和汽车、火车、电机等机械运转一样，也有一个始发的启动过程。人的这个过程要比机械启动过程复杂。它包括生理启动和心理启动两个因素。二者相辅相成，互相联系、互相影响。

周一是工作的开始，人的思想受周末活动内容和活动特点的影响，脑海里还回味着周末的趣事。因此，周一时人的生理和心理都处在不适应的状态。生理各器官调整不断、处于不稳定状态，心理过渡过程的调节，使人的注意力在此阶段不易集中。周末，员工紧张工作一周，生理和心理都处于疲劳之中，渴望休息，思想自觉不自觉地转移到周末生活上去。在生产劳动过程中常会发生“走神”现象。但周末为“赶任务”往往是完成生产定额的关键时刻，要求员工保持一定的紧张度。这种完成生产任务的客观要求与员工心理需求的矛盾，常常是造成周末事故的原因。此外，由于生物节律引起人的心态规律的变化还很多，比如，天亮以前的三四点钟，由于人的生理规律决定了倒班值班人员容易产生期盼下班的心理，在体能上最困倦、最疲劳、最难受，许多操作恰恰在这段时间内进行，是误操作事故的多发期。

3）合理调节员工生物节律的措施。

针对上述分析，企业应做到以下几点：关心员工疾苦和生理需求；合理安排上岗人员，并保证上岗前充分休息；现场的灯光调整适宜，不能太亮或过暗；室内温度不能太高或过低；有条件的企业在值班岗位可播放音量适宜，动感较强的轻音乐；当班班长可以增加巡察各值班员岗位的次数，向他们询问设备工况，条件允许时，可缩短此阶段监盘的时间；值班人员可以原地活动肢体；企业对在此员工生理最疲劳阶段发现设备缺陷或正确处理突发性事故的值班员给予重奖。合理、科学地安排周一至周末的工作，对于处在人生物节律低潮期或临界日的员工，尽可能地少安排或不安排工作，在任务重、人员紧张的情况下，应在严密监护下操作或作业。切实做好员工上岗前生理和安全心理的准备，根据员工的生物节律和工作节奏引起的心态变化进行安全教育，并及时发现和制止心神不定的员工进入生产岗位。

（3）在凝聚员工高度注意力基础上开展安全教育

1）注意力

人的心理活动对一定的对象（或事物）的指向和集中称为注意。注意力是指人们对于某一对象（或事物）注意程度的一种能力。注意力是特殊的心理活动及其表现形式，它是心灵的组织者，并能有选择地集中指向对自己内心体验影响较大的对象（或事物），而其他的对象（或事物）的刺激都被抑制住，使人的心理活动及行为表现，在积极的、健康的、有针对性的情况下进行。

传统的安全教育方式，缺少知识性、趣味性、针对性、刺激性、艺术性和实效性。如果安全教育时，讲课者的语言表达能力又较低，缺乏抑、扬、顿、挫基本功，干巴巴地念了一两个小时讲课稿，或呆板、僵硬地传达了一下午上级许多安全文件和多种规章制度条文或一些外系统的事故通报，往往使听者感到乏味。这种安全教育不会对人的心灵产生震撼，也不会引起人们广泛的兴趣和注意力，难以唤起人们对安全的深切关注。

现代安全教育，应用安全心理学阐述的基本理论，应客观地运用逆向思维方式，以安全的反面危险因素及事故教训为切入点，以本单位曾经发生过的人身伤害或设备损坏事故为案例，采取重点分析各类事故给个人、家庭、企业造成的后果及影响，这种结合实际的安全教育方法，能够凝聚员工的注意力。

2）凝聚员工的注意力，增强安全教育的效果

从心理学角度讲，新鲜的东西总能吸引人，而内容虽老，但形式新颖的安全教育，仍会有较大的吸引力。比如，专题报告会、演讲会、安全经验介绍、事故责任者现身说法、聘请安全教育专家讲课、举办安全知识竞赛等正面激励和反面警示教育。其次，突出形象化教育。利用典型事故图片、实物展览、放事故录像、组织参观、召开事故现场会、反事故演习等，把安全教育的内容生动、形象、直观地摆到员工的面前，容易入耳、入脑、入心。

又如，企业深入开展反习惯性违章教育活动，结合安全知识竞赛，针对现场容易发生的习惯性违章行为，组织生产领导者、安全监督人员和员工模拟现场的某一项生产作业（或操作）的全过程，并将日常容易产生隐性的心理问题和不安全违章行为穿插进去，在员工面前表现出来，让观摩的参加者指出心理问题和具体的习惯性违章行为，看谁指出的问题和违章行为多，分析的判据准确，这样符合生产实际、形式新颖和艺术性较强的安全教育方式，容易凝聚员工的高度注意力。因此，安全教育要与人的心理规律和客观现实有机地结合起来，使安全教育像春风化雨一样，滋润人们的心田，唤起人们的广泛注意，警醒人们时时、事事、处处注意安全。在凝聚员工高度注意的基础上，最佳的情绪状态下开展的安全教育活动，会不断增强安全教育的效果。

（4）及时掌握员工的情绪状态进行安全教育

1）情绪对人行为产生影响。

情绪是人的需要是否得到满足而产生的一种体验，是一种十分复杂的心理现象，它是人的喜、怒、哀、乐等内心世界的外在表现，也是人对客观事物所持态度的一种反应。情绪对人的行为有很大的影响，人的一切心理活动往往带有情绪的色彩，而心理活动又直接影响人的行为，尤其在企业生产活动中，它与安全生产有着密切的关系。

2）员工情绪状态对安全生产的影响。

情绪具有明显的两极性，即积极的情绪和消极的情绪。前者是生产第一线员工保证安全生产的必需条件，后者则是发生人为责任事故的一个重要因素。从安全的角度讲，人在操作时，应保持情绪平静。因为，平静而愉快的情绪，能使机体保持平衡；烦躁、消极的情绪，则会使这种平衡遭到破坏，在特定情形下间接成为事故的诱因。俗话说，“人逢喜事精神爽”，这是一种积极的向上的情绪，心理学认为，积极良好的情绪会对人的行为产生推动作用，但这种情绪的强度必须适中，若过于兴奋，也常常会导致忘乎所以，有可能“乐极生悲”。为此，企业应注意对员工个性、情操的陶冶，培养健康向上的情绪。

3）引导员工积极健康情绪是保证安全生产的有效手段。

在注意对员工进行生产技术培训的同时，注重启发员工对安全生产的注意力，帮助员工提高分析和处理安全生产工作中各种实际问题的能力，引导员工以健康、积极的情绪状态，理智、心悦诚服地接受安全教育，达到接受安全教育应是发自内心要求的效果，充分调动每个领导和员工安全行动的自觉性和主动性，才会筑牢企业安全生产的根基。

4）研究员工的情绪状态，掌握科学的安全教育方法。

研究员工的心理活动规律，掌握员工的情绪状态，并采取有效的方法，在进行安全教育的同时，还应注意掌握对员工安全教育效果有影响的其他心理因素。企业在对员工进行安全教育中，会产生几种心理效应，即由于心理作用所产生的效果，必须引起注意。

① 优先效应。

优先效应是指“先入为主”。在实际生产工作和日常生活中，人们初次接触事物所形成的印象、情景总是难以遗忘的。因此，企业领导和安全生产监督人员，应确立“先入为主”的培训管理思路。如新员工到厂（公司）后，首先是进行“三严”教育，使他们能够树立严肃的态度、服从严格的要求、养成严密认真的工作作风。同时，也要抓好新员工入厂（公司）后的三级安全教育及转岗员工上岗前规程制度、安全技术培训。因为，这时他们的心理和情绪状态不受其他因素影响，对于教育培训内容和周围事物，注意力比较集中，观察比较细致，留下的印象也比较深刻。

② 近因效应。

近因效应是指最近给人留下的印象往往比较强烈。这与“优先效应”的作用有所不同，“优先效应”在陌生情况下作用较明显，“近因效应”在熟悉情况下作用较明显。

例如，对员工开展经常性的安全教育，及时组织学习其他单位，尤其是相同岗位安全生产经验或事故教训，应贯穿于企业生产工作中，这样才能做到“警钟长鸣”。利用“近因效应”，结合企业安全文化建设、安全性评价等实际工作，认真对照检查，改进工作。

③ 心理暗示。

心理暗示是指用含蓄的、间接的手法，对别人的心理和行为产生影响的一种作用。暗示需讲究艺术性。因此，在安全教育中，要特别注意方式方法，恰当运用现实中的典型和艺术中的典型感染力，使受教育的人获得现实真切的认识和感受 。

④ 情感效应。

情感效应是指在一定环境或条件下，对方产生和当事人因情感的影响作用下的一种心理活动。情感效应比较广泛地存在于人们的生产、生活之中，尤其是对于企业员工安全教育方面的影响就更大了。

A. 有无情感安全宣传标语或口号产生教育效果不同。现代安全管理经验证明：注重情感效应的安全教育方式与行政命令式强制性管教，其所达到的安全教育效果是不一样的。

B. 安全教育应重视情感效应。研究员工的情绪状态，掌握科学的安全教育方法，应注重发挥员工的父母、丈夫或妻子、子女安全生产第二道防线的作用。

C. 抛弃缺乏情感的安全管理。有些企业管理思路及安全教育方式，不重视情感效应，忽略员工积极情绪状态对安全生产的能动作用，容易挫伤员工的工作热情。企业对员工教育方式与管理做法，不应忽视员工产生的心理反应，情绪状态和取得的效果。否则，单纯地依靠严管、严罚，罚不出员工的“主人翁”责任感，也罚不出员工自觉遵守安全规程制度的觉悟。因为人是有思想、有情感、有价值追求的。单方面强调经济处罚，是一种被动管理企业的做法，其问题的所在就是忽略了人类所特有的情感；忽略了耐心细致的思想政治工作功能；忽略了科学有效的工作方法；忽略了积极情绪对个体安全行为产生的激励效应；忽略了“人性化”管理在现实的安全管理工作中的作用。

D. 弘扬充满情感的安全管理的好做法。在实际工作中，安全监督人员正确运用善意提醒、明令制止、加重处罚这几种安全教育与处罚办法，不仅使违章行为得到有效遏制，而且使行为人心服口服，达到领导满意、自己满意、行为人满意的效果。

E. 安全心理学在安全监督中的应用。我们说，只要以充满情感的“爱”为出发点进行批评教育和平等、公正的考核与罚款处分，即使再严格，员工也是能够理解和接受的。因为，在安全管理上实行重奖、重罚是国家政策，安全工作规程中每一项条款都是以血的事故为教训写成的，安全监督人员严格执法是在履行职责。通过尊重人、关心人、爱护人这种情感较浓的安全教育，安全心理转化为员工自身的需要和信念，员工会自觉地遵守规章制度，这就是安全心理学在安全教育中的具体应用和所达到加强安全监督的实际效果 。

F. 安全教育注意研究员工情绪状态和心理因素。一般说来，人总是处于某种生物节律和情绪状态下的。在生产过程中，当心境不佳时进行操作和作业，常不能集中注意力，自控能力降低，违章行为增多而导致事故发生。可见，人的不良心理状态对安全生产工作的影响是比较大的，即心理因素、情绪状态在事故致因中占有重要地位。为了达到控制事故行为，保证企业安全生产，依照人的心理现象在客观环境条件的影响下发生与发展的规律和生理法则，在安全教育时，研究员工的情绪状态及其心理因素，注重情感效应，结合安全生产实际，采取先进有效的管理方法，有针对性地开展安全思想教育是非常重要的。

（5）以“安全第一”方针作为培养员工安全心理的切入点

1）一般心理是安全心理培养的基础。

人的劳动、工作、生活、学习、交往等活动，每时每刻需要看、听、记和思考，这一切都是人一般的心理现象。培养安全心理就是要在掌握人的一般心理活动规律的基础上，结合在劳动生产过程中，安全的特殊要求来研究培养安全心理的有效途径才有意义。如果一个人对安全漠不关心，对自己的健康与安全不够负责，对企业的安全生产重要性认识不足，就不能说他对“安全第一”有所了解和认识，就会成为培养安全心理的思想障碍。

2）以“安全第一”作为安全心理培养的切入点。

以“安全第一”作为培养员工的安全心理的切入点，是符合安全生产客观规律的，是很有实际意义的。“安全第一，预防为主，综合治理”是我们关于安全生产工作的总方针，更是企业安全生产的必然要求，永远是企业安全生产的主题。培养员工的安全心理，不能采取机械的、教条的、片面的方法，而是首先要让员工对“安全第一”的由来有所了解，及其对贯彻“安全第一”的重要意义有所认识，这样才会增强员工的安全意识，才能提高员工养成安全心理的自觉性，才会使培养员工安全心理具有实际意义；才能够达到培养员工安全心理，控制失误行为，防止事故的目的。

3）“安全第一”是安全经验与教训总结出来的方针。

在人类历史的进程中，包含着人们安全心理的发展与进步。“安全第一”是人类满足安全心理、安全价值观念和安全物质财富的需要，在生产经营成功的经验与失败的教训中，不断进化总结出来的方针，有其自身的形成过程。用“安全第一”的思想来管理生产被世界各国普遍采用，它获得了无法计算的、巨大的经济效益和社会效益。

4）准确理解“安全第一”的内涵。

“安全第一，预防为主，综合治理”安全生产方针，它指明了安全生产的重要地位。“安全第一”不是空间排序的第一，不是冠军、亚军、季军的排法，而是从时间的角度第一。时间和空间是两个不同的概念，在坐标系中时间和空间是两个不同坐标系。一般讲位置的排序，就是空间的排序。而时间上的排序则是绝对的，同一日期的十一点，永远超前同一日期的十二点。安全在工作中的排序，就是在这个坐标下永远列在各项工作之前，即任何一项工作之前首先要讲安全，这才是“安全第一”的准确含义。在市场经济条件下，要求每一位员工对“安全第一”方针的内涵，有一个更清醒的认识和准确的理解。

5）消除思想障碍，处理好安全与其他工作的关系。

当“安全与生产”“安全与进度”“安全与效益”以及企业资金使用与其他项目发生矛盾时，应首先考虑安全，这是在落实“安全第一”，在自觉地按照客观经济规律办事。在生产实践中，只有以“安全第一”方针作为解决问题的出发点，平衡各种矛盾心理，培养安全心理的切入点，不断提高员工的安全心理素质，消除各种影响安全生产的思想障碍及各类不安全行为，才会与时俱进，不断创新，全面贯彻“安全第一，预防为主，综合治理”安全生产方针，做好企业现代安全管理工作。

6.3 员工的自我调节

6.3.1 自我认识与接纳

自我从内容上可划分为生理自我、心理自我 、社会自我。生理自我：

个体对自己的生理属性的认识，如：身高、体重、长相等；心理自我：个体对自己心理属性的认识，如：心理过程、能力、性格等；社会自我：个体对自己社会属性的认识，如：在各种社会关系中的角色、地位、权利等。

如果一个人不能正确地认识自我，看不到自我的不足，觉得处处不如别人，就会产生自卑心理，丧失信心，做事畏缩不前。相反，如果一个人过高地估计自己，也会骄傲自大、盲目乐观，导致工作的失误。因此，恰当地认识自我，实事求是地评价自己，是自我调节和人格完善的重要前提。

了解自我认识的有效途径主要有以下几条：

（1）内省法。

探索内心世界，审视自己的想法、感受和动机的历程。通过反省自己、分析自己来进行自我认识。

（2）他人评价法。

从别人对自己的态度和评价中认识自己，可以帮助纠正自我认识偏差，克服自我认识的主观性和片面性。

（3）比较法。

通过将自己与他人比较，从而认识自己。比较可以认清自己的优势和不足，取长补短。横向他人和纵向自己比较。

（4）实践成果法。

实践成果的价值有时直接标志自身的价值，衡量一个人的价值主要是通过活动的效果论定的。了解自己的客观尺度。如：成绩、奖惩等。

俗话说知人容易知己难，这是人类行为上的一大缺点，也是形成心理失常的主要原因之一。所谓“知己”，就是了解自己，了解自己的优点、缺点、能力、兴趣等。不切实际的自我概念会直接造成种种困难。

个人对自己的一切，不但要充分了解，还要坦然承认并欣然接受；不要欺骗自己，更不要拒绝或憎恨自己。有些人觉得怀才不遇，因而愤世嫉俗，甚至狂妄自大，都是由于不能充分了解自己。有些人过分自卑，自觉在团体中毫无价值，又多是不接受自己。

一个人怎样才能客观地认识自己并欣然地接受自己呢?

第一，要学会多方面、多途径地了解自己。在日常生活中，人们对于自己的判断和理解，往往高度依赖于小范围内的社会比较和别人对于自己的评价，而实际上这样形成的自我概念有很大的局限性，它无助于人们适应更大的生活范围。

第二，要消除误解。在我们的正统教育中，总是向人们灌输理想人格的观念，而忽视引导人们正视自己黑暗的或社会价值观所不接受的一面。

第三，避免以惟一的标准进行社会比较。人们的自卑情绪也常常源于用惟一的标准来衡量自己。在一定的范围内以惟一的标准来把自己同别人相比较，势必会出现优劣、高低之分。当自己处于不利地位时，就容易引起自卑和自我拒绝情绪。

第四，适当的抱负水平。挫折常常会诱发自我拒绝情绪。在日常生活和学习中，有些挫折是无法避免的，而另一些挫折则常常是因为不切实际的成就欲望导致的。

6.3.2 自我激励

自我激励：是一种内部的燃料，是每个人为了达到自己所设定的目标而努力向前的内在力量，它不需要外部的激励因素来促使一个人付诸行动，是最重要的一种动力。

自我激励，不是简单地在内心给自己加油、鼓劲，它是一种有具体方法可循的心理技巧。当掌握了这些技巧，在面对各种困难和挫折时，内心就会自动生出一种积极向上的动力，推着你不断向前，战胜眼前种种障碍，达到目标、实现梦想！在这个过程中，你会惊奇地发现：你变得比以前更自信、更乐观、更强大了！员工可用以下方法进行自我激励。

（1）离开舒适区

不断寻求挑战激励自己。提防自己，不要躺倒在舒适区。舒适区只是避风港，不是安乐窝。它只是你心中准备迎接下次挑战之前刻意放松自己和恢复元气的地方。

（2）把握好情绪

人开心的时候，体内就会发生奇妙的变化，从而获得阵阵新的动力和力量。但是，不要总想在自身之外寻开心。令你开心的事不在别处，就在你身上。因此，找出自身的情绪高涨期用来不断激励自己。

（3）调高目标

许多人惊奇地发现，他们之所以达不到自己孜孜以求的目标，是因为他们的主要目标太小，而且太模糊不清，使自己失去动力。如果你的主要目标不能激发你的想象力，目标的实现就会遥遥无期。因此，真正能激励你奋发向上的是，确立一个既宏伟又具体的远大目标。

（4）加强紧迫感

20 世纪作者 Anais Nin（阿耐斯）曾写道："沉溺生活的人没有死的恐惧"。自以为长命百岁无益于你享受人生。然而，大多数人对此视而不见，假装自己的生命会绵延无绝。惟有心血来潮的那天，我们才会筹划大事业，将我们的目标和梦想寄托在丹尼斯称之为"虚幻岛"的汪洋大海之中。其实，直面死亡未必要等到生命耗尽时的临终一刻。事实上，如果能逼真地想象我们的弥留之际，会物极必反产生一种再生的感觉，这是塑造自我的第一步。

（5）撇开朋友

对于那些不支持你目标的"朋友"，要敬而远之。你所交往的人会改变你的生活。与愤世嫉俗的人为伍，他们就会拉你沉沦。结交那些希望你快乐和成功的人，你就在追求快乐和成功的路上迈出最重要的一步。对生活的热情具有感染力。因此同乐观的人为伴能让我们看到更多的人生希望。

（6）迎接恐惧

世上最秘而不宣的秘密是，战胜恐惧后迎来的是某种安全有益的东西。哪怕克服的是小小的恐惧，也会增强你对创造自己生活能力的信心。如果一味想避开恐惧，它们会像疯狗一样对我们穷追不舍。此时，最可怕的莫过于双眼一闭假装它们不存在。

（7）做好调整计划

实现目标的道路绝不是坦途。它总是呈现出一条波浪线，有起也有落。但你可以安排自己的休整点。事先看看你的时间表，框出你放松、调整、恢复元气的时间。即使你现在感觉不错，也要做好调整计划。这才是明智之举。在自己的事业波峰时，要给自己安排休整点。安排出一大段时间让自己隐退一下，即使是离开自己心爱的工作也要如此。只有这样，在你重新投入工作时才能更富激情。

（8）直面困难

每一个解决方案都是针对一个问题的。二者缺一不可。困难对于脑力运动者来说，不过是一场场艰辛的比赛。真正的运动者总是盼望比赛。如果把困难看作对自己的诅咒，就很难在生活中找到动力。如果学会了把握困难带来的机遇，你自然会动力陡生。

（9）首先要感觉好

多数人认为，一旦达到某个目标，人们就会感到身心舒畅。但问题是你可能永远达不到目标。把快乐建立在还不曾拥有的事情上，无异于剥夺自己创造快乐的权力。记住，快乐是天赋权利。首先就要有良好的感觉，让它使自己在塑造自我的整个旅途中充满快乐，而不要等到成功的最后一刻才去感受属于自己的欢乐。

（10）加强排练

先“排演”一场比你要面对的重要复杂的战斗。如果手上有棘手活而自己又犹豫不决，不妨挑件更难做的事先做。生活挑战你的事情，你一定可以用来挑战自己。这样，你就可以自己开辟一条成功之路。成功的真谛是：对自己越苛刻，生活对你越宽容；对自己越宽容，生活对你越苛刻。

（11）立足现在

锻炼自己即刻行动的能力。充分利用对现时的认知力。不要沉浸在过去，也不要耽溺于未来，要着眼于今天。当然要有梦想、筹划和制订创造目标的时间。不过，这一切就绪后，一定要学会脚踏实地、注重眼前的行动。要把整个生命凝聚在此时此刻。

（12）敢于竞争

竞争给了我们宝贵的经验，无论你多么出色，总会人外有人。所以你需要学会谦虚。努力胜过别人，能使自己更深刻地认识自己；努力胜过别人，便在生活中加入了竞争“游戏”。不管在哪里，都要参与竞争，而且要满怀快乐的心情参与竞争。要明白最终超越别人远没有超越自己更重要。

（13）内省

大多数人通过别人对自己的印象和看法来看自己。获得别人对自己的反映很不错，尤其正面反馈。但是，仅凭别人的一面之词，把自己的个人形象建立在别人身上，就会面临严重束缚自己的危险。因此，只把这些溢美之词当作自己生活中的点缀。人生的棋局该由自己来摆。不要从别人身上找寻自己，应该经常自省并塑造自我。

（14）走向危机

危机能激发我们竭尽全力。无视这种现象，我们往往会愚蠢地创造一种追求舒适的生活，努力设计各种越来越轻松的生活方式，使自己生活得风平浪静。当然，我们不必坐等危机或悲剧的到来，从内心挑战自我是我们生命力量的源泉。圣女贞德说过：“所有战斗的胜负首先在自我的心里见分晓”。

（15）精工细笔

创造自我，如绘巨幅画一样，不要怕精工细笔。如果把自己当作一幅正在描绘中的杰作，你就会乐于从细微处做改变。一件小事做得与众不同，也会令你兴奋不已。总之，无论你有多么小的变化，点点都于你很重要。

（16）敢于犯错

有时候我们不做一件事，是因为我们没有把握做好。我们感到自己“状态不佳”或精力不足时，往往会把必须做的事放在一边，或静等灵感的降临。你可不要这样。如果有些事你知道需要做却又提不起劲，尽管去做，不要怕犯错。给自己一点自嘲式幽默。抱一种打趣的心情来对待自己做不好的事情，一旦做起来了尽管乐在其中。

（17）不要害怕拒绝

不要消极接受别人的拒绝，而要积极面对。你的要求却落空时，把这种拒绝当作一个问题：“自己能不能更多一点创意呢?”不要听见“不”字就打退堂鼓。应该让这种拒绝激励你更大的创造力。

（18）尽量放松

接受挑战后，要尽量放松。在脑电波开始平和你的中枢神经系统时，你可感受到自己的内在动力在不断增加。你很快会知道自己有何收获。自己能做的事，不必祈求上天赐予你勇气，放松可以产生迎接挑战的勇气。

6.3.3　自我调整

（1）自我疏导释放压力。现实工作和生活中，形成压力的原因很多，例如工作上的不如意、生活上的不顺心等都会产生压力。而释放这个压力要靠自我调节，在矛盾、挫折、失意和双重角色的压力面前，应采取积极的心理防卫机制，学会优化“心理环境”，维护心理平衡，促进“心理解脱”。在遭受打击和挫折时要敢于正视、不逃避，变挫折为动力；在挫折面前要学会情志转移，把注意力转移到自己爱做的事情上，有条件的则可求助于心理医生。释放压力有很多办法，例如做做深呼吸、放松肌肉、散步、听听音乐、走入大自然、娱乐活动、放声高歌、找人倾诉、请专家指导等，无论哪种办法，起到减压作用就好。

（2）以积极的态度面对压力。当前，企业越来越正规，各种管理规定、考核细则以及较大的工作压力，让你感动不安和恐惧，于是你拼命地工作。这说明压力可以是阻力，也可以变为动力，就看自己如何去面对。我们在这里将压力比喻成狼，当狼来的时候，你就会拼命地奔跑，当你实在跑不动了，而狼却离你越来越近，有的人不被累死也会被恐惧所吓倒。而有的人却横下一条心拼了，谁吃掉谁还不一定呢。这说明不进则退、不退则进的道理。所以当遇到压力时，明智的办法是采取一种比较积极的态度来面对，当你遇到不顺心和阻力时，这是一个压力，要用这个压力把自己做得更大更强，从而赢得竞争的胜利，压力也随之释放。面对其他压力也是如此，只要以积极的心态去面对，就会缓解压力，使你的工作会更出色更精彩。

（3）把压力作为奋斗的目标。当一个人没有任何压力的时候，工作和生活就没有了方向。特别作为一线生产员工，不能把压力当成负担，应该作为解决问题的动力。创造和谐示范区是个大目标，还有社企和谐、地企和谐、企业与住户的和谐等无数个小目标。实现每一个目标都是一种压力。要把这种压力当成一种责任，主动承担压力，不能碌碌无为，一身轻松。例如我们每年和上级组织签订的业绩合同，每年年初签订前，总是千方百计找领导讨价还价，将指标降低一些、好完成一些。记得领导曾经讲过，业绩指标的签订要符合两个原则，一是客观合理科学；二是需要大家要垫垫脚或者蹦一蹦才能完成。事物总是辩证统一的，你承担了目标带来的压力，为缓解这个压力你去奋斗，从而实现了既定的目标，那你是成功的。假如你放弃了责任和压力，听之任之，就无法实现既定目标，不但不会缓解压力，反而因为受到制度规定的处罚增加了压力，那就是失败。其实，人活着就有压力，被各种压力包围着，就是人到临死的时候虽然没有工作和生活上的压力了，但也有面临死亡的压力。换句话说压力无处不在，我们为什么不寻求一些对工作和生活有益的压力呢，在缓解压力和实现目标中，让你的压力升值，更具有现实价值。

第 7 章　安全心理学在事故预防中的应用

7.1　事故原因分析及暴露出的问题

7.1.1　导致事故内在原因之一是不健康心理因素

研究引起事故发生的原因时，虽然揭示出引发事故的原因多种多样。但首先应探究诱导责任者事故行为最本质、最关键的因素之一是事故心理，分析事故心理结构及其对行为的影响和支配作用，从而弄清事故心理结构和其事故行为的因果关系，有利于从根本上遏制人为责任事故的发生。从这个意义上说，可以通过研究造成事故责任者心理结构的内容要素和形成原因，探寻其心理结构形成过程的客观规律，便能寻究和找出发生事故行为的人的心理原因。为便于研究，现归纳为 10 大心理要素：A：侥幸心理；B：麻痹心理；C：麻烦心理；D：逞能心理；E：莽撞心理；F：求成心理；G：烦躁心理；H：粗心心理；I：自满心理；J：好奇心理。可能造成事故的心理指数可用下式表示：

$$Z=[A+B+C+D+E+F+G+H+I+J]/(L+M)$$

式中　Z——可能造成事故的心理指数；

L——事业心和责任感；

M——自觉遵守安全规程，有安全知识和生产技能。

由此可做如下结论：

(1) 造成事故的行为发生的可能性与 $A \sim J$ 诸项的代数和成正比，而与 L 和 M 的代数和成反比。

(2) 可能造成事故的心理指数 Z 的值越大，发生事故行为的主观可能（或内在危险性）也越大。

影响和导致一个人发生事故行为的种种心理因素，不仅内容多，而且最主要的是各种因素之间存在着复杂而有机的联系，它们常常是有层次的，互相依存，互相制约，辩证地起作用。人的安全行为受不 同的年龄段思维的影响和安全认知水平的调节，不仅是知识和技能影响人的行为。

【例 7.1-1】有些刚刚参加工作的青年员工，对安全思想教育和安全知识的学习不够重视，因而缺乏防止意外伤害的心理准备和行为准备，尤其受盲目的“好奇”心理诱导，极易发生低级的冒险行为。在一次架空管道阀门的检修过程中，由于是国产新型阀门解体检修，于是某作业现场非工作组成员的五名青年工人一起爬上 6.5m 高的脚手架平台，围在阀门旁边观看检修，这时的脚手架已经超出负重，突然变形塌落，上边的人员连同设备和工具坠落到地面，造成 2 人死亡，3 人重伤的重大事故。

有些班组长生产技能虽然过硬，但缺乏安全意识而导致事故。

【例 7.1-2】某电力建设公司 39 岁的吊装班班长，人称“张大胆”，他的起重操作技术全面、熟练，能够胜任很多重型设备吊装指挥任务，工作能吃苦、责任心强，在生产上是一名令人刮目相看的技术能手。可在一些零星作业或小活上“粗心”，平时“图省事”“存侥幸”、“怕麻烦”“冒险逞能”“盲目抢任务”等心理问题严重，在搬运 10m 长的铁轨时，不用绳子抬，而让人用肩扛；两房或设备之间搭上一块跳板，未设防护栏，他奔走其间，如履平地。因停电，电梯不能升降，他手缠一块破布从一百多米高的钢丝绳上滑下来。由于多次习惯性违章作业未发生过事故使他的“胆子”越来越大。在一次安装组合梁的作业中，当组合梁吊至 7m 高度时，被一根钢管刮住了，他竟然站在组合梁上用脚使劲向外蹬，使吊件离开了钢管后，他还继续冒险地站在构件上指挥起吊。由于吊件在上升的过程中又被“牛腿”卡住，造成吊绳突然拉断，不幸坠落身亡。

剖析上述事故案例，不仅看到显性不安全行为是导致责任事故的直接原因，而且还要洞察隐性问题，重点在解决深层次问题上下功夫，注意分析各种不健康心理因素对生产作业、操作行为及安全管理的影响。工作过程中多种类别习惯性违章行为屡禁不止，一些重特大责任事故时有发生，其内在的关键性原因之一，就是安全管理决策和战术运用中，缺乏员工心理健康是企业安全之本的理念，忽视导致责任事故的心理因素矫治，这恰恰是当前国内许多行业或领域安全管理上最大的失误。

7.1.2 部分企业或基层单位的领导不重视安全

安全生产工作领导重视是关键。一些企业的领导者安全观念淡薄，盲目追求效益，不能正确处理好“五个关系”（即安全与效益关系、安全与改革关系、安全与速度关系、安全与政绩关系、安全与发展关系）。这些人或是口头重视、思想上不重视；或是要求别人重视，而自己在日常工作中不研究、不布置、不检查、不过问，上行下效，导致企业安全管理上的薄弱。结果是：性质严重的事故屡禁不止，有的本不应该发生的，低级、简单的事故却重复发生。领导者一味追求利润，安全投入不足，忽视安全生产，甚至不负责任，导致管理滑坡或管理混乱是事故不断发生的重要原因。

7.1.3　安全生产责任制落实不到位

安全生产责任制是各项安全管理制度及其他规定的核心。生产战线上每一个岗位的成员都应当承担应有的安全生产责任。而许多事故发生后分析原因，都有安全生产责任制未落实到位的问题。

【例7.1-3】上级工作组到事故单位帮助落实整改措施。询问班长，班组一级安全目标是什么？控制责任是什么？连续问了3个生产一线班组的班长和班员竟没有一个人能答上来。再问几个二级单位生产领导（包括两名车间主任），车间（工地、工区）一级的安全控制责任和目标是什么？也是说不上来。试想，如果生产班组长或班员不知道班组的安全目标是“不发生障碍和轻伤”，控制责任是“控制异常和未遂”，生产领导和车间主任不知道车间（工地、工区）一级的安全目标是“不发生重伤和事故”，控制责任是“控制轻伤和障碍”，那么安全生产责任制就不可能落实到位，安全生产呈失控局面，事故就会犹如一股祸水，无孔不入。

安全责任是安全生产的核心，然而有些企业还存在着各级岗位安全制度不健全和不到位的问题。血的教训警示人们，各级各类人员安全生产责任制不落实，是对员工生命和健康极端不负责任的表现，是当前安全生产重点解决的大问题。

7.1.4　“两票三制”执行不认真

工作票和操作票是保证检修作业和运行操作的工作人员生命安全的护身符。但一些企业在安全管理上“两票三制”执行不认真、不严格，将规章制度流于形式。这是安全检查时，尤其事故原因分析暴露的突出问题，也是许多责任事故的直接原因。

7.1.5　生产人员自身防护和互救技能差

分析各类人身伤害事故的原因，员工缺乏安全防护意识是个带有普遍性的问题，而许多本不该发生人员伤亡严重后果的重特大事故与责任人员和现场其他人员不会自救，互救有关。

【例 7.1-4】某火力发电厂燃料车间一些员工受“走捷径”“图省事”不健康的心理诱导和缺乏自身安全防护意识，跨越备用状态皮带时，想不到皮带随时启动运转的可能；从待卸煤车两钩之间穿过，想不到车厢出现的不稳固状态。无论是跨越备用皮带，还是从待卸煤车两钩之间穿过，都没有意识到会有什么危险后果，直至有一天，工人孙某准备从三道北侧越到南侧检查车辆过程中，为抄近路，在钩距不到 1m 的第 6、第 5 节车厢两钩间穿过，恰在此时，调车作业车辆移动，把他挤伤致死。

由于缺乏现场互救技能，致使伤亡事故后果扩大。

【例 7.1-5】某电厂汽轮机检修工 5 人被热水烫伤后，现场其他人员忙脱掉他们的衣服看烫伤程度，结果 5 人胸部和肢体表面的皮肤大面积被扒掉，致使加重了伤害程度，其中 2 人因伤重感染医治无效死亡。再如，通信外线班工人李某在进行杆上作业时，未系安全带，不慎坠落摔伤颈部，班长喊来周围人员轮换将伤者背到职工医院。结果因运送方法不当，造成伤员高位截瘫。还有更多的触电事故，窒息事故都因工作人员未掌握心肺复苏技能，事故现场不会施救，待医护人员赶到现场或送医院抢救，贻误了抢救机会，造成人员伤亡，扩大了事故后果。

7.1.6　企业机构改制对安全产生一定的影响

每当新政策出台，企业机构改制，尤其当人员分流、工龄买断、提前退休、工资调整时，必然会引起人员思想和情绪上的波动。部分自身利益受到较大影响的员工，容易把对安全的注意力转移到现实的个人问题上来，从而引发安全意识、技术学习和安全规范操作等方面的滑坡，各类责任事故发生的概率明显增多。

7.1.7　安全干部对自身岗位职责认识肤浅，安全管理流于形式

企业安全专职干部和安全员看起来是通过安全检查、监督、管理预防事故的工作，而实质是对员工的生命安全与健康负责；对企业和国家的财产负责；对生产或其他工作任务能够得以预期完成负责；对员工家庭幸

福、企业安全发展、社会和谐与稳定负责。而有些安全专职干部和安全员不能正确认识自身岗位的职责，不重视自身的学习和提高，工作责任心不强，放松安全管理。具体表现在以下几个方面：

（1）未结合本单位生产特点和工作实际制定安全生产责任制；

（2）放松安全管理，规章制度和“两票三制”执行不认真、不严格；

（3）工作前危险点分析、安全日活动、安全监督和检查走过场流于形式；

（4）不注重员工安全思想教育和安全知识、生产技术、防护技能培训；

（5）发现员工不健康心理问题不能及时矫正和心理疏导，以权利压人，用制度卡人，人为造成员工看到安全管理人员喊“狼来了”被动局面，为安全生产埋下内在隐患；

（6）不能定期检测安全工器具，不按规定按时发放劳动卫生安全防护用品；

（7）不能合理选用生产人员，一线生产人员业务素质不能适应工作需要；

（8）忽视班组安全建设和企业安全文化建设；

（9）安全生产“三级控制”不得力，安全监督惯于做表面文章，落实各级安全责任不到位。

7.2　预防事故应采取的措施

7.2.1　对员工开展安全心理教育

员工心理健康是企业安全之本。生产经营单位应根据生产特点和员工队伍基本状况，研究员工心理特征以及心理状态对当前安全生产工作的影响，有计划、有步骤、有针对性地对员工开展安全心理健康教育。

【例7.2-1】学习安全心理学知识；帮助员工掌握心理健康状态简易的自测方法及自行疏导心理问题的有效方式；放大亮点树立爱岗敬业，正确对待困难或挫折的典型，有意识地培养员工良好的职业道德和优秀的心理品质；改进工作方法，突出安全思想教育的内涵；引导员工树立安全价值观，激发员工做好本岗位安全生产工作的热情，加快从“他律”到“自律”的转化过程，实现本质安全。

7.2.2 企业领导的安全认识教育

由于企业领导对企业安全生产管理的态度、投入程度、安全在企业的地位等起着决定性的作用。一个企业安全工作的好坏，以及预防事故应采取的措施上，关键在领导。所谓企业领导的安全认识教育，就是要端正领导的安全意识，提高他们安全决策素质，科学运用管理手段，从战术上有效防止事故发生。企业领导安全教育的形式主要是岗位资格的安全培训认证制度教育，具体内容可归纳为：安全系统理论，安全心理学，《中华人民共和国安全生产法》，事故心理分析和安全决策技术等。

7.2.3 科学应用安全管理手段

科学应用安全管理手段的措施如下：创新安全管理模式；完善各级各类人员安全生产责任制；加强企业安全文化建设；用行为科学指导合理安排工作；着力开展员工心理健康教育；重点做好企业“危险人”和特殊工种人员的安全思想教育；改善劳动卫生条件和作业环境；制定事故预防规程和应急预案；重视对员工安全行为的激励（激励是内在的心理活动）；充分地调动每个员工的安全行动的自觉性和主动性。

7.2.4 抓好制度建设和现场标准化作业程序

根据管理体制的变化、技术进步、科学发展新情况，对一些具体的、操作性较强的安全规章制度进行及时修订，加强制度的系统性、科学性和可操作性。在企业内部组织力量认真研究并编制标准化作业指导书，把具体工作的程序、任务要求与安全规程制度、危险点分析有机结合起来，提高整体的安全生产水平。

7.2.5 加强生产技术和防护技能培训

生产技术是作为一名企业员工必备的素质，同时也是安全生产必备的条件，如果没有过硬的生产技术素质，就不可能预期完成生产任务和其他安全工作。对设备的运行情况、施工的工艺要求、个人的技术动作等企业生产行为不甚了解，就会找不到、看不到事故的隐患所在，更谈不上高定额、高效率的安全生产。因此，要想做到安全生产就必须主动接受生产技术培训，提高自身的生产技术素质。作为生产人员还应掌握一些现场自救和互救的技能，从事生产活动总会遇到不正常的情况，甚至是危及生命安全的突发事件。

【例 7.2-2】某电厂锅炉检修人员检修设备时，身上洒的汽油遇火花突然燃烧，这名员工平时没掌握防火逃生或自救知识，慌忙奔跑喊人，结果身上的火借助风的助燃使他烧成重伤。又如，生产现场有人触电，心跳和呼吸停止，周围人员断开电源后忙抬着触电者去医院抢救，结果不治身亡。

这两起事故案例告诫我们：不会自救和互救其后果就会造成伤害或死亡，就是扩大事故的后果。所以预防事故，保障设备安全运行，保护员工生命安全和健康，岗位生产技术和防护技能培训是极其重要的措施。

7.2.6　加强劳动纪律，严格遵守规章制度

一个企业纪律松弛，一个员工违章操作，是不可能保证安全生产的。加强劳动纪律，严格遵守规章制度，是企业维护正常工作秩序，完成生产任务，实现安全生产目标，预防各类事故基本措施。劳动纪律相关规定的内容应包括：考勤制度、工作时间制度、无关人员禁止进入易燃易爆车间制度、工作时间不准做私活制度、不准脱岗或串岗制度、上班时间不准饮酒制度等。严格遵守行业管理部门颁发的相关安全工作规程、相关安全生产工作规定及企业制定的相关检修规程、运行规程。要注意利用多种形式对员工进行劳动纪律、规程制度教育，使员工意识“严是爱，松是害”的道理，提高执行“规程制度”的自觉性。对于违规员工进行合情合理的严肃处罚，做到思想教育与行政、纪律、经济手段有机结合，使其心悦诚服。

7.2.7　企业安全观念文化的更新

安全文化建设，是一个企业预防事故、搞好安全生产的重要基础保障，安全观念文化是安全管理文化，安全行为文化和现场安全文化的根本前提。企业生产领导和员工应建立的现代安全观念有：安全第一的哲学观；安全也是生产力的认识观；安全表征人类生存质量的效益观；安全具有综合效益的价值观；人机协调的系统观；本质安全化与预防为主的科学观；遵章（法）守纪的法制观；珍惜生命与健康的情感观等。企业安全文化建设是预防事故的一种“软”对策，对于自觉规范自己的生产行为，明晰安全价值观念，预防事故有长远的战略性意义。

参 考 文 献

[1] 方召君．浅谈我国城市燃气发展现状与趋势[J]．大众科技，2019，21(01)：112-114+86.

[2] 魏繁．中国石油进口 LNG 业务管理及优化研究[D]．中国石油大学(北京)，2018.

[3] 刘志坦，王文飞．我国燃气发电发展现状及趋势[J]．国际石油经济，2018，26(12)：43-50.

[4] 梅琦，杨蓓，武正煜，张又方．西南地区天然气市场现状与发展趋势[J]．天然气技术与经济，2018，12(06)：40-43+83.

[5] 赵悦春．燃气行业的未来：互联网+智慧燃气[J]．中国建设信息化，2018(16)：66-67.

[6] 王东华．城市燃气企业的大数据战略发展分析[C]．中国土木工程学会燃气分会，《煤气与热力》杂志社有限公司，2019：321-326.

[7] 杨桓．浅谈城市燃气行业的大数据应用场景[J]．天然气勘探与开发，2016，39(04)：72-75+18.

[8] 高振斌．我国安全生产人为事故特点及对策分析[J]．科技情报开发与经济，2007(17)：222-223.

[9] 孙青．人格特质对安全氛围感知的影响研究[D]．中国民航大学，2019.

[10] 陈维，黄程琰，毛天欣，罗杰，张进辅．多维测评工具聚敛和区分效度的 SEM 分析——以领悟社会支持量表为例[J]．西南师范大学学报(自然科学版)．2016(02).

[11] 徐国峰．安全氛围感知对矿工不安全行为影响研究[J]．中国安全生产科学技术．2014(S1).

[12] 胡艳，许白龙．安全氛围对安全行为影响的中介效应分析[J]．中国安全科学学报．2014(02).

[13] 温渊．关于城市燃气安全隐患与防范对策的分析[J]．化工管理，2020(02)：76-77.

[14] 李永新．城市燃气安全隐患分析与防范措施探究[J]．中国石油和化工标准与质量．2017(23).

[15] 魏成选．城市燃气安全隐患与防范对策分析[J]．化工管理．2018(03).

[16] 郭晓艳，张力．安全人因工程中的心理因素[J]．工业安全与环保，2007，33(10)：29-32.

[17] 陈奕荣，连榕，陈坚等．生涯心理资源的结构测 量掴 关研究与展望[J]．福建师范大学学报（哲学社会科学版），2015(4).

[18] 张建秋．城市燃气管道新生代员工安全生产存在的问题及解决对策[J]．吉林化工学院学报，2014，31(02)：76-78.

[19] 杨仕强．如何加强新生代工人的安全管理[J]．现代职业安全．2010(02).

[20] 张普云，耿双燕．城市煤气管网及设施安全隐患与治理对策[J]．煤气与热力．2007(12).

[21] 冯翼．企业关注员工心理健康初探[J]．人力资源管理．2013(08).

[22] 胡孟洁，戴正清．电力企业员工安全心理体系研究[J]．企业改革与管理．2018(20).

[23] 许勇．员工不安全行为的根源及预防对策[J]. 科技展望．2014(12).
[24] 郭明富，栗源，郭芸菲．企业安全文化体系构建的探讨与实践[J]. 安全、健康和环境．2016(01).
[25] 肖志英，郑继平．安全心理学对企业安全管理的作用分析[J]. 企业改革与管理，2019(17)：27-28.
[26] 安礼莹．浅谈安全心理学在企业安全生产管理中的应用[J]. 中国管理信息化．2016(17).
[27] 鲍琳，张贵炜，张德彬．组织视角下的企业员工情绪管理[J]. 企业经济，2014(03)：47-50.
[28] 韵琼琼．基于安全心理学的企业安全管理研究[C]. 中国土木工程学会燃气分会：《煤气与热力》杂志社有限公司，2019：207-210.
[29] 章大庆．关于员工情绪管理的思考[J]. 中国集体经济，2012(06)：115-116.
[30] 阮海梅．员工情绪对安全生产的影响[J]. 大陆桥视野，2018(08)：85-86.
[31] 周江平，杨庆．加强员工情绪管理的探索[J]. 中国集体经济，2014(10)：88-89.
[32] 胡三嫚．企业员工工作不安全感影响效应的交叉滞后分析[J]. 中国临床心理学杂志，2017，25(05)：933-938.
[33] 胥玉君．企业安全管理系统不安全行为抑制研究[D]. 辽宁科技大学，2017.
[34] 栗继祖，钟治国．员工安全心理调查与对策[J]. 现代职业安全，2016(02)：110-113.
[35] 康良国，黄锐，吴超，张伟．安全心理大数据的基础性问题研究[J]. 中国安全生产科学技术，2017，13(07)：5-10.
[36] 杨雷，张爽，栗玉华，黄佳．行为安全观察与沟通在石油化工企业 HSE 管理中的应用[J]. 安全、健康和环境，2010，10(10)：13-15.
[37] 李乃文，季大奖．行为安全管理在煤矿行为管理中的应用研究[J]. 中国安全科学学报，2011，21(12)：115-121.
[38] 胡艳，许白龙．工作不安全感、工作生活质量与安全行为[J]. 中国安全生产科学技术，2014，10(02)：69-74.
[39] 毛海峰．企业组织中的安全领导理论研究[J]. 中国安全科学学报，2004(03)：29-33.
[40] 康良国，吴超，王秉．企业员工心理安全感的基础性问题研究[J]. 中国安全生产科学技术，2019，15(07)：20-25.
[41] 栗继祖．个性心理与安全[J]. 现代职业安全，2013(12)：112-114.
[42] 安全行为科学在企业安全文化建设中的应用[J]. 中国安全生产，2018，13(11)：64-65.
[43] 刘凤艳．论如何从员工个性心理特征和能力差异性入手抓好企业安全管理[J]. 黑龙江科技信息，2004(07)：24.
[44] 程卫民，周刚，王刚，刘向升．人不安全行为的心理测量与分析[J]. 中国安全科学学报，2009，19(06)：29-34.
[45] 许开立，张宪邦，张军，陈宝智．安全心理测试系统及其在安全管理工作中的应用[J]. 化工劳动保护，1997(05)：10-13.
[46] 栗继祖，康立勋．煤矿安全从业人员心理测试指标体系研究[J]. 安全与环境学报，2004(06)：77-79.
[47] 苟廷佳．浅议职业性格测试在人力资源管理中的作用——以 MBTI 与 DISC 为例[J]. 人力

资源管理，2016(01)：86.

[48] 苗丹民，皇甫恩，Rosina C. Chia，Ren Jianjun. MBTI人格类型量表的效度分析[J]. 心理学报，2000(03)：324-331.

[49] 郑津洋，马夏康，尹谢平．长输管道安全风险辨识、评价、控制[M]. 北京：化学工业出版社，2004.

[50] 吴宗之，高进东，张兴凯．工业危险辨识与评价[M]. 北京：气象出版社，2000.

[51] 潘海．员工培训与开发手册[M]. 北京：企业管理出版社 ，2001.

[52] 颜世富．心理管理[M]. 北京：机械工业出版社 ，2008.

[53] 王凯全，邵辉．事故理论与分析技术[M]. 北京：化学工业出版社．2004.

[54] 费云．吕海燕．白福利．事故分析预测与事故管理[M]，北京：化学工业出版社．2006.

[55] 邵辉，邵小晗．安全心理学(第二版)[M]. 北京：化学工业出版社，2018.

[56] 罗云主编，李峰，王永潭副主编．员工安全行为管理(第二版)[M]. 北京：化学工业出版社，2017.

[57] 张德．组织行为学[M]. 北京：清华大学出版社，2000.